Petra Owen | Anthony-James Owen

New Guerrilla

Petra Owen | Anthony-James Owen

New Guerrilla

Mehr Kunden durch innovatives Online-Marketing

REDLINE | VERLAG

Bibliografische Information der Deutschen Nationalbibliothek:
Die Deutsche Nationalbibliothek verzeichnet diese Publikation in der Deutschen National-
bibliografie; detaillierte bibliografische Daten sind im Internet über http://d-nb.de abrufbar.

Für Fragen und Anregungen:
lektorat@redline-verlag.de

1. Auflage 2016

© 2016 by Redline Verlag, ein Imprint der Münchner Verlagsgruppe GmbH,
Nymphenburger Straße 86
D-80636 München
Tel.: 089 651285-0
Fax: 089 652096

Redaktion: Bärbel Knill, Landsberg am Lech
Umschlaggestaltung: Melanie Melzer, München
Umschlagabbildung: Anatol Agency/Getty Images, Victoria Navak/Shutterstock
Satz: Daniel Förster, Belgern
Druck: GGP Media GmbH, Pößneck
Printed in Germany

ISBN Print 978-3-86881-639-6
ISBN E-Book (PDF) 978-3-86414-909-2
ISBN E-Book (EPUB, Mobi) 978-3-86414-908-5

Weitere Informationen zum Verlag finden Sie unter

www.redline-verlag.de

Inhalt

Vorwort von Arne Krüger

Nun haben sie es endlich getan. Die beiden Owens, Petra und Tony, haben ihr Buch geschrieben. Herzlichen Glückwunsch, ich bin sehr stolz auf Euch!

Tony habe ich vor zwölf Jahren kennengelernt. Ich habe in einer persönlichen Krisensituation eine Empfehlung für einen Coach in einer persönlichen Krisensituation bekommen. Er sei eigentlich Marketingexperte, aber könnte mir vielleicht bei der Ausgründung meiner Firma helfen. Seit diesem ersten gemeinsamen Tee arbeiten wir zusammen und sind mit den Jahren beste Freunde geworden. Das vorweg.

Die Arbeit in der Guerrilla Marketing Group ist Tonys und Petras selbst gewähltes Vehikel, um in dieser Welt Ihren Lebensunterhalt zu verdienen und dabei das zu tun, was sie beide gut können, aber vor allem, was ihnen Freude macht und anderen Menschen hilft. Zwei Grundsätze habe ich in der Zusammenarbeit gelernt, die ich für sehr wichtig halte und ihnen als Leser dieses Buches mit auf den Leseweg geben möchte:

Erstens: Dieses Buch wird keine Abkürzung für Ihren Erfolg sein. Ja, es wird Ihnen sicher Erfahrungen, viele Erkenntnisse und langjährig erprobtes Handwerkszeug vermitteln können, denn ich kenne niemanden, der belesener und erfahrener ist, wenn es um amerikanisch-geprägten Verkauf, also Vertrieb und Marketing für Unternehmer geht. Aber Abkürzungen, also Erfolg zu haben, ohne die eigentliche dafür notwendige Arbeit zu tun, finden Sie hier nicht. Sicher liegt es auch daran, dass der Karate-Schwarzgurt Tony in seiner Kindheit gelernt hat, dass man den Kampf nur gewinnen kann, wenn man aufrichtig und entschlossen trainiert hat – und auch immer weitertrainiert. Und dazu muss man jeden Morgen aufstehen und trainieren. Eine Alternative dazu gibt es nicht – auch nicht in Büchern.

Zweitens: Es ist wichtig zu verstehen, dass es trotz allen Wissens, aller Erfahrungen und allen Könnens, die Sie in diesem Buch finden werden, entscheidend sein wird, dass Sie sich, genau wie Tony und Petra, immer den Anfängergeist bewahren. Und nur so können Sie mit dem Wissen aus diesem Buch Erfolg haben. Dabei meine ich den Anfängergeist, der dann entsteht, wenn man sehr viel Wissen zu einem Thema hat – denn erst dann wird einem bewusst, wie viel Wissen einem noch fehlt – und dann beginnen kann, einfach anzufangen, einfach aufzustehen. Man beginnt, etwas zu tun, einen Schritt in die richtige Richtung zu gehen und dabei weiter zu lernen. Man wird anfangen, in neuen Optionen zu denken, die weit über ein »Ich will das aber so. Ich will aber Erfolg haben.« hinausgehen.

Diese zwei Grundsätze werden Sie zwischen den Zeilen finden können, so wie ich sie aus der fachlichen Zusammenarbeit seit 2004 und den vielen persönlichen Gesprächen mit Tony und Petra als Zugabe erhalten habe.

Zusammen mit Tony und Petra habe ich mich aus einer persönlichen Krise gearbeitet und meine Firma aus der geschäftlichen Insolvenz neu erfunden. Sie haben mir entscheidend dabei geholfen, 2006 mit zehn Mitarbeitern neu zu starten und mit ihrer Hilfe ist in den letzten Jahren ein Unternehmen mit über hundert Entwicklern und Beratern daraus geworden, mit etablierten und stabilen Kundenbeziehungen und nachhaltigen internen Prozessen.

Verkauf und Marketing haben immer mit gutem Handwerk zu tun, welches nur aus Erfahrung und Übung entsteht. Dieses Buch zeigt Ihnen den Weg, wie Sie diese Erfahrungen für sich gewinnen können und hilft Ihnen bei Ihren täglichen Übungen.

Wenn Sie die Chance haben, trinken Sie unbedingt einen Kaffee oder Tee mit Tony und Petra, denn erst dann werden Sie den wahren Schatz entdecken können, der sich in diesem Buch verbirgt.

Arne Krüger, Berlin 2016
CEO der Moving Targets Consulting

Vorwort von Orvel Ray Wilson

(Buchautor von Guerilla Verkauf)

New Guerrilla Marketing

Im Jahr 1984 startete Jay Conrad Levinson eine Revolution: Marketing würde nicht länger eine mysteriöse Geheimwissenschaft sein, die nur von Spezialisten mit großem Budget ausgeübt werden konnte. Guerilla Marketing lieferte von da an ein Arsenal an »Marketingwaffen« in die Hände der Entrepreneure und kleinen Firmen überall auf der Welt. Jay wurde der Berater der Präsidenten und Module der US-Unternehmen ebenso wie der Friseure, Autoren und Händler. In Rumänien wurde er offiziell zum Volkshelden erklärt.

Heute gibt es mehr als 60 autorisierte Guerilla-Buchtitel, die in 63 Sprachen übersetzt worden sind und eine Auflage von mehr als 23 Millionen weltweit erreicht haben. Und zusätzlich mehr als 100 Titel, bei denen Jay und sein Team nicht involviert waren. Wenn das Kopieren die höchste Form der Anerkennung ist (wie die Chinesen sagen), dann wurde unsere Idee des Guerilla-Marketing sehr anerkannt. Heute steht der Begriff Guerilla-Marketing im Oxford English Dictionary ebenso wie der Begriff Kleenex, Xerox und andere bekannte Markenartikel. Kurz: Es ist die erfolgreichste Sammlung von Marketing-Know-how in der Geschichte des gedruckten Buches. Jays steile Karriere in der Werbeindustrie brachte einige der beliebtesten Marken in den USA hervor: vom Pilsburry Boy über den Marlboro Cowboy bis hin zu Morris der Katze. Er erschuf die »in guten Händen«-Positionierung der Allstate Versicherung ebenso wie den »freundlichen Himmel« für United Airlines.

1982 zog Jay nach Marin County in Kalifornien und gab an der Universität von Berkley Abendkurse zum Thema Marketing für kleine Unternehmen. Bei der Durchsicht aller verfügbaren Marketingbücher der damaligen Zeit stellte er fest, dass alle ein Budget von mindestens 100 000 US Dollar voraussetzten. Keiner seiner Studenten konnte einen Umsatz von 100 000 US Dollar vorweisen, geschweige denn hatte er diesen Betrag für Marketing zur Verfügung. Daraufhin beschloss er, selber ein Buch über Marketing zu schreiben. Sein Freund und Buchagent Bill Sheer schlug den Titel »Guerrilla Marketing« vor und gemeinsam präsentierten sie den Buchtitel beim damals größten Verlag für Fachbücher Houghton-Mifflin. Das Buch wurde 1984 veröffentlicht. 1993 begann er – mit mir zusammen – eine Partnerschaft mit den beiden Autoren in Deutschland.

Dieses neue Buch von Anthony und Petra Owen bringt Jays Vision eines Guerrillas in das digitale Zeitalter. Und wie alle Bücher der Serie wird es Sie mit einem Arsenal an preiswerten oder kostenfreien Marketingwaffen ausstatten, die unkompliziert und einfach umzusetzen, aber trotzdem umwerfend effektiv sind.

Orvel Ray Wilson, Denver, Colorado – USA

Hinweis: *Da die Screenshots direkt den Internetseiten beziehungsweise den Programmen entnommen wurden, konnte kein Einfluss auf die Rechtschreibung genommen werden.*

Warum machen wir Marketing?

Jeder Mensch hat etwas, was ihn antreibt.[1] Uns treibt beruflich das Guerilla-Marketing an. Und dort besonders die Schnittstelle vom Marketing zum Vertrieb. Das sogenannte Vertriebsmarketing. Aber was ist nun genau Vertriebsmarketing? Vertriebsmarketing hat aus unserer Sicht nur eine Aufgabe: Produkte oder Dienstleistungen zu verkaufen. Oder den Verkauf anzubahnen.

Nicht jeder wird mit dieser Definition einverstanden sein. Die meisten, die im Marketing arbeiten, werden dieser Aussage wahrscheinlich nicht zustimmen. Für viele ist Marketing dazu da, eine *Brand* oder Marke zu erzeugen. Oder dafür, dass die Agentur oder ihr Kunde einen Marketingpreis gewinnt.

Natürlich wissen wir, dass Marketing noch mehr Aufgaben hat – zum Beispiel

- ➤ die Analyse von Markt und Wettbewerb,
- ➤ die Kundenzufriedenheit zu ermitteln,
- ➤ das Produktmarketing,
- ➤ Verkaufsförderung,
- ➤ Preisbildung/Preisfindung,
- ➤ externe Werbemittel erstellen (online und offline, Messebesuche, Datenblätter …).

Für uns steht jedoch die Messbarkeit im Marketing und damit die Erfolgskontrolle an oberster Stelle. Die Kunst im Marketing besteht unserer Meinung nach darin, einen Euro für Marketing auszugeben und dafür zwei Euro oder mehr zu verdienen.

---

[1]   Ein Dank an die Volksbanken Gruppe für die hervorragende Werbekampagne

Anthony-James Owens erste große Liebe im Marketing war dabei nicht Guerilla-Marketing, sondern schon viel früher das Direktmarketing. Sie kennen das vielleicht aus Ihrem Briefkasten, wo Sie Werbebriefe für Lotterielose, aber auch Bestellkataloge erhalten. Heute ist die moderne Entsprechung des Direktmarketings am ehesten E-Mail-Marketing und Google AdWords.

Später kamen zum Direktmarketing bei ihm dann alle anderen Disziplinen und Marketinginstrumente dazu. Zusätzlich der Vertrieb und das Vertriebsmanagement in der IT-Industrie. Aber durch das Direktmarketing haben bis heute vor allem die *Messbarkeit* und das *Testen* – beides sicherlich wichtige Fundamente des Direktmarketings – in unserer Marketingberatung einen entscheidenden Platz.

Petra Owen kam über den Vertrieb zum Marketing. Vom Innendienst über den Außendienst hat sie in ihren ersten Berufsjahren schon immer den Kontakt zu Menschen geliebt – ob bei der Akquise, beim Nachfassen von Angeboten oder in Verhandlungen. Später kam dann noch der Baustein Marketing dazu.

KAPITEL 1

Aufwärmen

New Guerrilla – Boost your business

Jede Geschichte hat ihren Anfang. Unsere *Boost-your-business*-Story beginnt am 4. Februar 2009 mit den Worten:
>*Hallo ... und herzlich willkommen bei GuerrillaFM! ... «*

Wir nehmen unseren ersten Podcast auf. Seitdem senden wir jede Woche, seit mehr als acht Jahren. Unternehmen finden zu uns, die ohne den Podcast heute wahrscheinlich nicht mit uns arbeiten würden.

Und es gibt witzige und auch skurrile Erlebnisse. Am Flughafen spricht beim Einchecken ein Servicemitarbeiter Anthony Owen an mit den Worten: »Hallo, Herr Owen. Ja, ich kenne Sie! Sie sind von der Guerrilla Marketing Group! ... «, spricht er und summt dann die Titelmelodie unseres Podcasts. Ein paar Wochen später werden wir beim Kauf einer Prepaidkarte anhand unserer Stimmen erkannt.

Mehrere Hundert Folgen später und mit fast einer Million Downloads ist der Podcast auch der Grund für dieses Buch. Über den Podcast kam der Kontakt zum Redline Verlag in München zustande.

Kurz: Die Idee, diesen Podcast zu machen, ist unsere *Boost-your-business*-Story.

Unsere Hoffnung ist, dass Sie die eine oder andere Idee in diesem Buch finden und Ihre eigene Marketing-Story schreiben werden.

Wir konnten all das nur tun, weil die Welt sich in den letzten 20 Jahren technologisch verändert hat. Wir nennen das den »digitalen Tsunami«.

Der digitale Tsunami

Es gibt in den letzten Jahren – spätestens seit der Jahrtausendwende – eine Menge dramatischer Veränderungen. Sie alle kennen die Gründe dafür: das Internet, die Digitalisierung ganzer Industriezweige und im Nachgang dazu die seit 2006 laufende mobile Revolution der Endgeräte durch Tablet-Computer und Smartphones. Im Kern dieses Buches geht es um die Anwendung der Prinzipien des Guerilla-Denkens auf die neuen digitalen Marketingwerkzeuge. Es war noch nie so einfach für ein kleineres Unternehmen, Marketing zu machen, weil heute so viele Werkzeuge erhältlich und relativ leicht bedienbar sind.

Hier eine unvollständige Aufzählung:

> Webseiten
> Blogs
> Tumblr
> Pinterest
> Google AdWords
> YouTube
> Vimeo
> Facebook
> Twitter
> E-Books
> Podcasting per Audio oder Video
> Berufliche Netzwerke wie LinkedIn und XING
> eBay für das Verkaufen von Produkten und so weiter

In einem glaubhaften Artikel über das »richtige« Arbeiten mit den verschiedenen Social-Media-Werkzeugen steht, dass Sie als Nutzer am Tag zwei bis drei Stunden Zeit investieren müssen, damit Social Media für Sie funktionieren kann. In der Woche sind das also rund 15 Stunden. Leider ist das noch nicht alles: Sie müssen auch noch dafür sorgen, dass Ihre Website auf der Höhe der Zeit ist und bleibt.

Die Website muss heute ja nicht nur an Ihrem Arbeitsplatz auf dem Rechner mit großem Monitor vernünftig aussehen, sondern auch auf einer Unmenge anderer Geräte. Man nennt das *Responsive Design*, wenn Ihre Seite sich nahtlos an die verschiedenen Endgeräte anpassen kann und sich somit auf dem Arbeitsplatzrechner, dem Tablet oder dem Smartphone vernünftig benutzen lässt. Aber die Seite muss nicht nur flexibel und aktuell sein, sie muss auch gefunden werden. Suchmaschinen-Marketingoptimierung (SEO = Search Engine Optimization) ist hier das Zauberwort. Dafür brauchen Sie dann noch einmal gut eine Stunde am Tag *zusätzlich*. Macht also schon drei bis vier Stunden Zeit nur für Ihr Social-Media-Marketing.

Das Verrückte daran ist, dass es keinem auffällt, wie absurd dieser Gedanke ist. Im Klartext heißt das: Sie verbringen die *Hälfte* Ihres Tages (!) mit Social Media und Suchmaschinenoptimierung. Jeden Tag. Diese Zeitangaben gelten nur für die Menschen, die sich mit den Tools und Werkzeugen bereits auskennen. Wenn Sie das noch nicht tun, dann brauchen Sie noch zusätzlich Zeit, um sich in diese Werkzeuge einzuarbeiten.

Sie können natürlich einen oder mehrere Mitarbeiter neu einstellen, die das für Sie übernehmen. Und mehrere externe Spezialisten anheuern, die Ihnen bei SEO, SEA und den anderen geheimnisvollen Kürzeln aushelfen. Wenn Ihr Unternehmen groß genug ist, dann machen Sie das wahrscheinlich auch.

Wenn Sie allerdings als Unternehmen (noch) zu klein sind oder nicht wissen, was Sie nun eigentlich zuerst machen sollen, dann ignorieren Sie wahrscheinlich einfach dieses ganze Zeug und machen – gar nichts. Und viele tun genau das.

Aber selbst dem größten Ignoranten dürfte inzwischen klar sein, dass die Welt sich durch die Digitalisierung dramatisch verändert. Buchhandlungen schließen nicht, weil Menschen nicht mehr lesen, sondern weil sich der Absatzkanal verändert hat. Die Kunden des Buchhandels kaufen die Bücher eben nicht nur mehr ausschließlich dort, sondern immer öfter online. Oder gleich als E-Book. Das führt zu entsprechenden Verwerfungen. In der Musikindustrie. Im stationären Einzelhandel.

Manchmal verschwindet »nur« das Medium an sich: Die Schallplatte, die Videokassette oder das gedruckte Buch. Es gibt immer noch Musik, Filme und Bücher. Aber die Schallplattenabteilung ist fast komplett verschwunden, die CD-Abteilung ist geschrumpft und die Zeiten der Videotheken sind lange vorbei. Alles nicht schlimm, es sei denn, Sie betreiben eine Videothek …

Aber auch Dienstleister wie Anwälte, Steuerberater oder Ärzte können die digitale Revolution nicht ignorieren. Ihre Patienten und Klienten erwarten, dass Sie eine Website haben. Nur wenige Unternehmen können es sich leisten, nicht im Internet auffindbar zu sein. Aber auch das ist nicht genug. Ihr Kunde will Ihre Website heute auch auf seinem Smartphone ansehen können. Beim Arzt will der Kunde online seinen Termin buchen, beim Steuerberater oder einem anderen Unternehmensberater will ich als potenzieller Kunde mehr als nur die Adresse und ein Foto im Internet sehen. Ich will wissen, wie kompetent der Berater ist. Wie denkt er, welche Themenschwerpunkte hat er, und kann ich mir als Kunde vorstellen, dass ausgerechnet dieser Berater mir bei meinen Problemen hilft?

Der Arzt wird von seinen Patienten bewertet. Wie viele Sterne hat mein Zahnarzt?

»Okay«, denken Sie jetzt, »ich muss etwas machen, aber was?« Diese Frage wollen wir aus unserer Sicht und aufgrund unserer persönlichen Erfahrungen als Marketing- und Unternehmensberater beantworten.

Gleichzeitig werden wir die Frage aber auch aus der Sicht eines Unternehmers beantworten, weil wir das seit 1994 auch sind. Wie macht man effektiv Marketing, mit oder ohne die neuen Onlinemedien, und wie erzeugt man die notwendige Anzahl von Interessenten, die das Unternehmen regelmäßig benötigt? In der richtigen Menge und in der richtigen Qualität?

Eine Anmerkung zur männlichen/weiblichen Form: Natürlich sprechen wir hier auch alle Unternehmerinnen an. Es gibt ja eine beträchtliche Anzahl von ihnen. Rein der Verallgemeinerung halber und um es sprachlich etwas kürzer zu halten, und nur aus diesem Grund, nutzen wir die männliche Form der Ansprache.

Für wen ist das Buch gedacht?

Wir haben das Buch für Sie geschrieben! Aber wer sind Sie? Sie sind wahrscheinlich eine Person aus einer der folgenden Zielgruppen:

- ➤ Freiberufler (Rechtsanwälte, Steuerberater, Ärzte)
- ➤ Berater, Trainer und Coaches
- ➤ Jeder, der ein Unternehmen neu startet (Existenzgründer und Start-up)
- ➤ Jeder, der auf der Suche nach einem automatisierten System für Kundenanfragen ist
- ➤ Etablierte Mittelständler, die ihr Marketing auf das nächste Level heben möchten
- ➤ Firmen, die noch keine eigene Marketingabteilung haben oder nie eine haben werden (oder wollen)
- ➤ Alle, die den eigenen Vertrieb bei der Kundensuche und Kundenakquisition entlasten wollen
- ➤ Jeder, der qualifizierte Anfragen von den richtigen Interessenten generieren will
- ➤ Alle, die eine Antwort auf folgende Frage haben wollen: Wie macht man Werbung, wenn Werbung verpönt oder nur eingeschränkt möglich ist?
- ➤ Und auch wenn Sie die Frage beantwortet haben wollen, wie ein Kunde einen neuen Dienstleister/Berater/Trainer/Coach/ Anwalt/Arzt aussucht

Welche Erfahrungen haben wir und in welcher Branche haben wir diese gesammelt?

In der Guerrilla Marketing Group betreuen wir Kunden in Deutschland seit 1994 – in nahezu allen Branchen. Die meisten unserer Kunden kommen aus dem Business-to-Business-Bereich (B2B). Einige bedienen Privatkunden. Viele haben komplexe und erklärungsbedürftige Produkte oder Leistungen, die sie anbieten.

Zu unseren Kunden zählen Ärzte, Systemhäuser, Softwarehäuser, Schulungsunternehmen, Presseagenturen, Krankenkassen, Kammern und Verbände, Steuerberater und Wirtschaftsprüfer, Hardwarehersteller, Telekommunikationsunternehmen, Handelsunternehmen, Energieunternehmen, Immobilienunternehmen, Satelliten-Provider, Meinungsforscher, Automobilzulieferer, Rechtsanwälte, Spezialisten, Handwerker, hoch spezialisierte Beratungsunternehmen wie auch Banken, Krankenhäuser, aber auch Einzelunternehmer, Berater, Fotografen, Programmierer und Trainer/Coaches. Und das sind nur die Branchen, die uns spontan einfallen. Von Adidas bis Zalando ist alles dabei gewesen.

Die schwierigste Aufgabe im Marketing aber hat unserer Meinung nach das kleinere Unternehmen. Im Extremfall der Solo-Professional. Das Unternehmen ohne eine Weltmarke oder ein massives Werbebudget. Marketing mit großem Budget zu machen, erzeugt kein besseres Marketing, aber ist erheblich einfacher. Die Kunst ist es, Marketing mit kleinem Budget zu machen. Marketing, das qualifizierte Anfragen erzeugt.

Welche Marketingtools sehen wir uns im Detail an?

Es gibt Tausende von Möglichkeiten, um Marketing zu machen. Sie können Artikel schreiben. Vorträge halten. Anzeigen schalten. Hausmessen veranstalten. Plakatwerbung nutzen. Vertriebsmitarbeiter per Kaltbesuch oder telefonischer Akquisition auf Kundensuche schicken. Suchmaschinenoptimierung (SEO) betreiben. Ein Laden-geschäft eröffnen oder einen Onlineshop ins Netz stellen. Oder Sie gehen zu Netzwerkveranstaltungen und versuchen, dort potenzielle Kunden zu finden.

Darüber sind mehr Bücher geschrieben worden, als Sie oder wir in diesem Leben noch lesen können. Die meisten unserer Kunden aber treibt nicht die Frage »Mache ich Marketing?« um, sondern die Frage »Wie mache ich Marketing, das wirklich funktioniert und mir etwas bringt – Marketing, das idealerweise schnell positive Er-gebnisse erzielt?«.

Viele unserer Kunden sind Mittelständler, die im Vergleich zu ih-rer jeweiligen Branche schnell wachsen. Wir betreuen Kunden, die ih-re Umsätze mit unserer Unterstützung in zwei bis vier Jahren verdop-pelt haben oder in zehn Jahren verzehnfacht. Zum Beispiel von 13 auf 30 Millionen. Oder in zwei Jahren von 800 000 Euro auf rund zwei Millionen. Die meisten haben komplexe, erklärungsbedürftige Pro-dukte oder Dienstleistungen und bewegen sich in wettbewerbsintensi-ven Märkten. Manche global. Manche national. Manche nur regional.

Für einen anderen Teil unserer Kunden ist es wichtiger, eine durchgehend gute Auslastung zu haben. Dort spielt das Wachstum alleine nicht die wichtigste Rolle, sondern eher die Kontinuität der Auslastung. Einige sind Experten auf ihrem Fachgebiet und kön-nen nur begrenzt wachsen, weil es sie nur einmal gibt. Da spielt die gleichmäßige und konstante Auslastung die wichtigste Rolle.

Aus all den vielen Möglichkeiten und unseren Erfahrungen mit Marketingtools haben wir drei Marketingwerkzeuge herausgesucht, die wir und unsere Kunden in verschiedenen Situationen in den letz-ten 15 Jahren immer wieder erfolgreich angewandt haben:

➤ Google AdWords – das größte Online-Werbenetzwerk der Welt
➤ LinkedIn/XING – die wichtigsten beruflichen sozialen Netzwerke
➤ Podcasting – das eigene Senden von Video- und Audiobeiträgen für eine bestimmte Zielgruppe

Was ist ein Guerilla?

Der Name Guerilla im Zusammenhang mit dem Bereich Marketing entstand Anfang der 1980er-Jahre, als der bekannte Werbefachmann Jay Conrad Levinson sein erstes Buch schrieb, den Millionenbestseller *Guerilla Marketing*. Es gab damals auf dem Markt kein Buch, das kleineren Unternehmen, Existenzgründern oder Start-ups zeigte, wie sie mit geringen Budgets und ohne großes Studium effektives Marketing betreiben konnten.

Es gab natürlich vorher schon großartige Bücher über Marketing wie zum Beispiel seit 1967 das Buch *Marketing Management* von Philip Kotler. Trotzdem werden wohl nur wenige Menschen, wenn sie nicht gerade Marketing studieren, es jemals bis zum Ende lesen (was bedauerlich ist). Er war damals der erste Professor, der Marketing vor allem analytisch und nach mathematischer Betrachtungsweise lehrte.

Die Konzepte haben wir in unserer Tätigkeit als Marketingleiter in großen IT-Konzernen sehr erfolgreich einsetzen können. Nur – kann ein kleineres Unternehmen genauso agieren wie ein Großunternehmen?

Jay Conrad Levinson fand, dass Klein- und Mittelstandsunternehmen wie »Guerillas« agieren müssten, wenn sie im Markt gegen die Großen bestehen wollten. Guerillas im »Dschungel des Wirtschaftslebens«.

Jay schrieb von da an bis zu seinem Tod im Oktober 2013 noch viele weitere Bücher zu den Themen Vertrieb, Werbung, Marketing und Management mit Guerilla-Ansatz – insgesamt weit über 40 Titel mit dem Fokus der Anwendbarkeit von Guerilla-Ideen auf Marketing-, Vertriebs- und Businessfragen. Viele entstanden aus der engen Zusammenarbeit mit Koautoren, die er als anerkannte Spezialisten für die Themen begeistern konnte. Er beriet bis zu seinem Tod Unternehmen weltweit bei der Konzeption und Umsetzung von *anderem* Marketing – von Guerilla-Marketing eben.

Der Verkaufsexperte Orvel Ray Wilson – unter anderem Mitautor des Buches *Guerilla Verkauf* – gründete 1984 die Guerrilla Group in den USA, eine Trainings- und Beratungsfirma, die unkonventionelle Methoden und Techniken im Vertrieb vermittelt, ganz im Sinne der »Guerilla-Philosophie«, und die eng mit Jay Conrad Levinson zusammenarbeitete.

Wir agieren seit 1994 unter dem Namen *Guerrilla Marketing Group* in Deutschland. Da wir selber nur eine Handvoll Mitarbeiter sind, stecken wir in einer ähnlichen Situation wie manche unserer Kunden, denn auch wir sind kein globaler Großkonzern. Und doch haben wir selbst jahrzehntelange Praxis aus der Arbeit in und mit internationalen Firmen.

Hier unsere Definitionen zum **Guerilla-Begriff** im Business:

Guerilla [**geril(j)a; germ.-span.**]**,** der: Jemand, der sich in ungewöhnlicher Verkaufskunst engagiert, speziell als ein Mitglied einer unabhängigen Einheit.

Guerilla-Marketer, der: 1. Jemand, der ungewöhnliche Marketingmethoden anwendet, die effektiv, günstig und produktiv sind. 2. Jemand, der *Zeit, Energie* und *Fantasie* statt großer Budgets im Marketing einsetzt.

Guerilla-Verkauf, der: Das Anwenden von unkonventionellen Techniken, die ehrlich, fair und sichtlich effektiver sind als andere Techniken. 2. Das Benutzen von Informationen und Überraschungseffekt, um einen Wettbewerbsvorsprung im Markt zu erlangen.

Was macht nun eigentlich Guerilla-Marketing aus?

1. Zum einen sehen wir im Guerilla-Marketing die drei Faktoren *Zeit, Energie* und *Fantasie* als die Hauptwährung an, während es im traditionellen Marketing eher das Budget ist. Wenn viel Geld vorhanden ist, kann man einfach große, tolle Aktionen oder Events durchführen und es ist egal, wie viel unterm Strich dabei hängen bleibt.

2. Traditionelles Marketing misst die Erfolge nach der Reichweite. Guerilla-Marketing geht davon aus, dass jeder schnelle Reichweiten erzielen kann. Doch am Ende zählt nicht die Reichweite,

sondern der Umsatz. Und die Umsätze müssen vor allem konstant und regelmäßig sein. Wobei das Stichwort hier »regelmäßig« ist. Regelmäßige Präsenz in den sozialen Medien und viele Klicks auf Ihren Webseiten nützen Ihnen gar nichts, wenn sie nicht Anfragen oder Umsätze produzieren.

3. Traditionelles Marketing stützt sich häufig auf Annahme, Erfahrung und anschließende Korrektur. Letztendlich stochert man im Nebel und hofft, dass man die richtige Strategie/Kampagne wählt. Falsche Annahmen können sehr teuer werden, vor allem, wenn man nur ein sehr enges Budget zur Verfügung hat. Guerilla-Marketing beruft sich in seinen Annahmen auf die Gesetze der Psychologie und des menschlichen Verhaltens. Es gibt einfach bestimmte Wahrscheinlichkeiten und Muster beim Kaufverhalten von Menschen.

4. Im traditionellen Marketing wird empfohlen, die Anzahl der Angebote/Produkte zu erhöhen und später vielleicht mit artverwandten Produkten/Angeboten zu ergänzen oder zu diversifizieren. Guerilla-Marketing rät ganz klar zur Fokussierung auf eine bestimmte Sparte und dazu, hier erst zum Experten zu werden. Dann ergeben sich die Ergänzungsprodukte fast von selbst.

5. Im traditionellen Marketing wird lineares Geschäftswachstum durch neue Kunden empfohlen. Natürlich zielt ja auch Guerilla-Marketing mit entsprechender Energie darauf ab, immer wieder neue Kunden zu bekommen. Allerdings sollte das Wachstum eher organisch stattfinden. Guerilla-Marketer legen viel Wert auf Kundennähe, mehr und häufigere Umsätze mit diesen Kunden und vor allem Empfehlungen und striktes Nachfassen. Nicht zu vergessen einen exzellenten Service.

6. Im traditionellen Marketing werden gern zu jeder Gelegenheit die Mitbewerber ausradiert. Im Guerilla-Marketing ist der Wettbewerb eher zweitrangig. Der Fokus liegt auf dem Finden von möglichen Kooperationen, vielleicht auch mit Mitbewerbern, wenn es beiden Vorteile bringt.

7. Im traditionellen Marketing liegen die Schwerpunkte oft nur auf einer Methode. »Sie müssen nur genug Social Media machen, dann kommen die Kunden von alleine.« Oder: »Anzeigen bringen den Erfolg.« Heute funktioniert *eine* Methode *alleine* im Marketing nicht mehr. Guerilla-Marketing hatte schon immer die Philosophie, dass nur *Kombinationen* von verschiedenen Methoden den notwendigen Erfolg bringen. Und gerade heute mit den Onlinetools ist es umso wichtiger, On- und Offline miteinander zu kombinieren und nicht bloß auf nur eine Methode alleine zu setzen.

8. Im traditionellen Marketing wird sehr viel Wert auf die Marktanteile gelegt. Nicht, dass diese nicht wichtig wären. Nur: Sie sind es eben nicht alleine. Am Ende des Monats zählen nur die Aufträge und Umsatzzahlen. Ganz anders dagegen beim Guerilla-Marketing: Hier zählen auch und vor allem die Kontakte und Aktivitäten, um neue Kunden zu finden, mit. Wie viele Kontakte mit Kunden sind es am Ende des Monats? Die persönliche Beziehung von heute ist der wachsende Marktanteil von morgen. Denn aus den Kontakten ergeben sich oft genug neue Aufträge.

9. Guerilla-Marketing rät ausdrücklich dazu, die neuen Technologien engagiert zu nutzen. Noch nie war es so einfach, Tools und Programme zum Messen von Verkäufen und Verkaufsaktivitäten und Marketing für kleines Geld zu bekommen. Informieren Sie sich und nutzen Sie diese als Turbo für Ihr Geschäft.

10. Viele Kleinunternehmen sind von traditionellem Marketing eher eingeschüchtert oder überfordert. Oft wissen sie nicht, was sie zuerst machen sollen, und fangen erst einmal mit einer Webseite an (nicht das Schlechteste). Aber dann stockt es oft, weil sie keinen richtigen Plan haben. Guerilla-Marketing bringt Ordnung in die Komplexität und legt die eigentliche Bedeutung Ihres Marketings wieder frei: dass nämlich *Sie* das Steuer in der Hand haben und Ihr Marketing bestimmen.

Selbst wenn Sie keine »große« Firma sind, kann Ihre »kleine« Größe Ihr absoluter Vorteil sein. Sie können in der Regel schnell entscheiden, ob und was umgesetzt werden soll. Und oft entscheiden Sie sogar alleine. Und müssen nicht Entscheidungen oder lang dauernde interne Prozesse abwarten, wie es oft in größeren Unternehmen üblich ist.

Selbst wenn nicht alle Prinzipien oder Methoden auf Sie passen, werden Guerilla-Marketing-Methoden bei Ihnen besser funktionieren als traditionelles Marketing. Vielleicht brauchen Sie keine Anzeigen, aber mindestens einen Marketingplan.

Jedes Unternehmen, und sei es noch so klein, muss einen Marketingplan haben. Ohne können Sie auf Dauer nicht existieren. Auch ein gewisses Budget muss vorhanden sein. Wenn Sie in einem größeren Unternehmen arbeiten, ist das selbstverständlich. Dort sind die Ziele, Aktionen und Budgets dafür festgehalten. Hand aufs Herz: Haben Sie einen Marketingplan?

Vielleicht profitieren Sie ganz stark von Empfehlungen. Diese beste Form der Werbung (und obendrein noch kostenlos) bringt Ihnen vielleicht die notwendige Menge von Anfragen, die Sie für Ihr Geschäft benötigen. Das ist natürlich auch ein Teil Ihres Marketings. Ebenso wie Ihre Visitenkarten, Ihre Webseite, Ihr Standort, Ihr Erscheinungsbild.

Marketing ist aber auch der unglaublich langsame und manchmal sehr aufwendige Prozess, Leute von ihrem Platz im Liegestuhl am Strand zu Ihnen auf Ihre Kundenliste zu bewegen. Sich nett, freundlich und beharrlich den Platz in den Köpfen zu erobern, indem Sie mit Ihrem Thema für Ihren Kunden die Nummer eins sind. Hierbei ist jedes Detail wichtig. Gerade bei Guerilla-Marketern zählen hier vor allem die Details. Und bei Ihren Kunden sind es oft gerade die Details, die den großen Unterschied machen. Je mehr Sie das beherzigen, desto besser wird Ihr Marketing sein. Und je besser Ihr Marketing ist, desto größer wird Ihr Gewinn am Ende sein.

Wir möchten noch einmal kurz auf das Thema Budget kommen. Es ist nicht so, dass die hier im Buch besprochenen Methoden kein Geld kosten. Auch Guerilla-Marketing kostet Geld. Sogar eine XING-Mitgliedschaft, zumindest in der Premiumversion, kostet Geld. Natürlich gibt es auch die Möglichkeit, nur die Basis-Mitgliedschaft zu nutzen, aber der Effekt ist auch ungleich kleiner als bei einer Premium-Mitgliedschaft. Aber alle hier im Buch vorgeschlagenen Methoden kosten im Vergleich zu traditionellem Marketing weniger Geld. Selbst Google AdWords kostet Geld. Nun ist es von einigen Faktoren abhängig, wie viel Geld, aber dazu später mehr. Wir nehmen einfach mal an, dass Ihnen als Unternehmer bewusst ist, dass Sie zumindest einen gewissen Betrag in Ihr Marketing investieren müssen, und zwar regelmäßig. Je engagierter Sie Ihr Marketing betreiben, desto erfahrener werden Sie und desto besser wird auch Ihr Gefühl für bestimmte Aktionen, und damit werden auch Ihre Ergebnisse immer besser. Und wahrscheinlich verändert sich dann auch Ihr Marketingplan entsprechend aufgrund Ihrer Erfahrungen.

Unserer Meinung nach geht es im Guerilla-Marketing weniger um eine einmalige Nacht-und-Nebel-Aktion und den Flashmob, der Ihr Produkt bekannt macht. Das ist natürlich auch Guerilla-Marketing, aber eben nicht nur. Das ist nur die sichtbare Spitze des Eisbergs. Nicht das Spektakel alleine oder die pfiffige Idee alleine machen einen Guerilla aus, sondern der über das normale Maß hinaus an Marketing interessierte Unternehmer. Egal ob als Inhaber einer Firma oder als Angestellter. Die besten Guerillas, die wir kennen, sind engagiert und beschäftigen sich mit ganzer Hingabe mit ihrem Marketing. Sie sind kreativ. Sie sind neugierig. Sie sind neugierig auf Neues, aber auch skeptisch und kritisch. Optimistische Realisten halt. Oder skeptische Optimisten.

Darum geht es auch in diesem Buch. Dadurch, dass Sie sich intensiver und mit mehr Engagement mit einigen wenigen oder vielleicht auch nur mit einer einzigen Marketingmethode auseinandersetzen, können Sie bessere Ergebnisse erzielen als Ihre Konkurrenten.

Zeit, Energie und Fantasie

Ein wesentlicher Unterschied zum traditionellen Marketing ist beim Guerilla-Marketing der Fokus auf die drei Bereiche Zeit, Energie und Fantasie. Wenn Ihr Budget eingeschränkt ist, dann müssen Sie entweder mehr Zeit investieren als Ihre Wettbewerber, mehr Energie oder kreativer sein. Ansonsten können Ihre Ergebnisse nicht das kleinere Budget ausgleichen. Marketing ist ein Kreislauf und hört nie auf.

Zum Marketing gehört alles, was hilft, Ihr Produkt oder Ihre Leistung an den Kunden zu bringen. Hierzu zählt alles von der Produktkonzeption/Entwicklung bis hin zu Ihren regelmäßigen Kunden beziehungsweise Einnahmen. Angefangen bei der Entwicklung Ihres Produkt-/Firmennamens, des Logos, der Verpackungen, der Absatzkanäle, der Fertigungsart/Lieferung, der Farbgebung, Ihres Standortes, Ihrer Anzeigen, Ihrer Art der Werbung, Ihres Services et cetera. Es ist nie zu Ende.

Zeit

Wie viel Zeit verbringen Sie mit Ihrem Marketing? Wie Sie weiter vorne ja bereits gelesen haben, müssen Sie alleine für Social Media drei bis vier Stunden täglich einbauen. Wenn Sie selbst zugleich Ihr Produkt sind, also zum Beispiel Berater, dann müssen Sie so viel abrechenbare Zeit wie möglich mit zahlungsfähigen Kunden verbringen. Wann sollen Sie die ganz Arbeit erledigen?

Mit Zeit ist nicht zwangsläufig eine hohe einmalige Anzahl von Stunden gemeint, sondern eher die regelmäßige Zeit. Da Marketing ja nie aufhört, muss Ihr Marketingmotor sowieso am besten immer auf »an« stehen. Nutzen Sie die freie Zeit, die Sie haben, zum Beispiel in der Bahn, und Wartezeiten, um sich schlauer zu machen und sich in Sachen Marketing weiterzubilden. Nutzen Sie Ihre Zeit, um in LinkedIn/XING Ihre Netzwerke zu pflegen, Kontakte zu bestätigen oder jemanden anzufragen, kurz nachdem Sie die Person kennengelernt haben. Oder denken Sie nach über Ihr Marketing.

Energie

Ihre Energie sollte intelligent und sehr fokussiert eingesetzt werden. Manchmal reicht es nicht, einfach nur eine Idee irgendwo einzustreuen, wenn diese dann Ihre bisherige Strategie torpediert. Überlegen Sie sich gut, was Sie mit Ihrer Marketingstrategie erreichen wollen. Hier hilft wieder Ihr Marketingplan.

Passen Ihre favorisierten Ideen und Umsetzungsmaßnahmen weiterhin zusammen? Wie nutzen Sie online und offline die verschiedenen Medien/Kanäle? Ist sichergestellt, dass sich jemand regelmäßig um alle zu pflegenden Onlineinhalte (vor allem, wenn es um aktuelle Termine oder Hinweise geht) kümmert? Können Sie eventuell durch den Einsatz von hilfreichen Apps oder anderen Tools etwas verbessern, damit bestimmte Abläufe einfacher und zeitsparender werden?

Setzen Sie Ihre Energie gut ein, denn wir alle haben nur diesen einen Moment in unserem Leben zur Verfügung, und daher sollten Sie sehr achtsam und sorgfältig mit Ihrer Energie und Zeit umgehen. Legen Sie zum Beispiel Ihre Businesstreffen in eine Lunchzeit oder verlegen Sie diese in ein Café, dann haben Sie das Nützliche mit dem Angenehmen verbunden.

Fantasie

Denken Sie zunächst einmal über Ihre Strategie und Ihren Plan nach. Wie können Sie auf gute Ideen kommen? Indem Sie sich aus Ihrem Tagesgeschäft zurückziehen und an einem anderen Ort Ihre Gedanken dazu schweifen lassen. Vielleicht in einem Café in einer belebten Gegend, vielleicht im Wald in der Natur oder auf einer Wiese oder auf dem heimischen Sofa mit dem Hund zu Füßen. Oder auf Ihrem Lieblingssessel zu Hause. Sie müssen definitiv den Ort wechseln. Auch das Badezimmer kann ein Ort der Kreativität sein. Beim Zähneputzen oder unter der Dusche sprudelt unser Gehirn manchmal über vor guten Ideen, einfach, weil wir in der Regel entspannt sind und »abgeschaltet« haben.

Vielleicht kommen Ihnen auf einmal neue Kombinationen in den Sinn. Manchmal reicht es zum Beispiel bei Google-Werbeanzeigen, wenn man das konsequente Testen von Ideen über seine eigene vorgefertigte Meinung stellt und mit genug Fantasie und Mühe erfolgreichere Varianten erzeugt und nutzt als die Wettbewerber.

Drei Vermarktungstools: AdWords, LinkedIn/XING und Podcasting

In diesem Buch schauen wir uns die Prinzipien an, die Marketing erfolgreich machen. Im Folgenden stellen wir Ihnen drei verschiedene Ansätze vor, wie Sie Ihr Marketing ergänzen können. Warum wir gerade diese drei ausgewählt haben? Weil wir und unsere Kunden mit diesen drei Tools viel Erfahrung haben. Natürlich gibt es auch viele weitere, die wir anfangs bereits aufgezählt haben.

Google AdWords

Das weltweit erfolgreichste Anzeigenschaltungssystem für Onlinesuche. Hier können Sie Anzeigen schalten, die bei Computerbenutzern in den Suchergebnissen angezeigt werden, wenn sie nach solchen Produkten oder Dienstleistungen suchen, die Sie anbieten.

LinkedIn/XING

Ähnlich wie andere soziale Netzwerke im Internet bieten LinkedIn (internationale Variante) und XING (hauptsächlich deutsche Variante) folgende Funktionen:

> ➤ Ein Profil mit Lebenslauf kann in mehreren Sprachen erstellt werden
> ➤ Verlinkung mit der eigene Website
> ➤ Neue Kontakte können geknüpft werden

> ➤ Möglichkeit, andere Mitglieder zu empfehlen
> ➤ Unternehmensprofile erstellen
> ➤ Mitgliedschaft, Mitarbeit und Gründung von Themengruppen

Außerdem lassen sich Produkte auf dem Unternehmensprofil bewerben und empfehlen.

Podcasting

Podcasting bezeichnet das Anbieten von abonnierbaren Audio- oder Videobeiträgen über das Internet. Das Wort setzt sich zusammen aus der englischen Rundfunkbezeichnung *broadcasting* (für »senden« oder »ausstrahlen«) und der Bezeichnung des damals erfolgreichsten MP3-Abspielgerätes der Firma Apple, dem iPod, mit dessen Erfolg Podcasts nicht nur wegen des Namens direkt verbunden sind. Ein einzelner Podcast besteht aus einer Serie von Medienbeiträgen (Episoden), die meistens kostenlos über das Internet automatisch bezogen werden können.

Die Wirkungsweise der drei Tools

Diese drei genannten Tools wirken auf unterschiedliche Weise.

Geschwindigkeit – Eintreten der Marketingwirkung

1. AdWords: schnell
2. LinkedIn/XING: mittel
3. Podcast: langsam

Zielsetzung – was wird damit erreicht?

1. AdWords: Generieren geeigneter Anfragen/Interessenten
2. LinkedIn/XING: Vernetzung mit bestehenden und neuen Kunden
3. Podcast: Positionierung als Experte

Wo erzielt es die beste Wirkung?

1. AdWords: Online → Website → Anfragen
2. LinkedIn/XING: Netzwerkunterstützung in der realen Welt
3. Podcast: Ein Nutzer nach dem anderen – persönliche Wirkung

Zusammenfassend geht es um drei Dinge: die Positionierung als Experte zu erreichen (Podcast), das Generieren von Anfragen geeigneter Interessenten (AdWords) und schließlich sich mit seinen Kontakten zu vernetzen (LinkedIn/XING) sowie dieses Netzwerk auszubauen.

Heute ist die eigene Website für ein Unternehmen oder einen Selbstständigen nicht mehr optional, sondern notwendig. Besonders wenn Sie in Zukunft eines oder alle drei Vermarktungstools nutzen wollen, die wir Ihnen vorschlagen, brauchen Sie eine eigene Website.

Nutzung der eigenen Website für Landeseiten

Zum Beispiel für das Werbeprogramm Google AdWords benötigen Sie für die Besucher idealerweise zum Thema passende »Landeseiten«, also Seiten, die nur für einen bestimmten Inhalt und Besuchertyp erstellt werden. Nehmen wir an, Sie sind Hochzeitsfotograf. Wenn jemand also in Google nach einem Hochzeitsfotografen in Hamburg sucht, dann haben Sie idealerweise eine eigene Seite, die sich nur an Hochzeitspaare richtet, die in Hamburg heiraten wollen. Das erhöht die Chancen, dass es den Besuchern zusagt, und auch, dass es Google gefällt. Wenn Sie darüber hinaus öfter Anfragen haben für »Hochzeiten auf Sylt«, dann schreiben Sie eine eigene Landeseite für »Hochzeiten auf Sylt« und so weiter. Im Detail beschreiben wir das Vorgehen in dem passenden Kapitel zu Google AdWords.

Mehr Details über Sie und Ihr Unternehmen

Benutzen Sie XING oder LinkedIn, dann können Sie Ihrem Netzwerk interessante Beiträge oder Veranstaltungen ebenfalls automatisiert vorstellen und damit zusätzliche Besucher auf Ihre Website bringen. Aber auch ohne Beiträge, die Sie auf diesen Berufsnetzwerken teilen, werden wohl die meisten Kontakte irgendwann auf Ihrer Website landen und mehr darüber wissen wollen als das, was Sie in Ihrem XING/LinkedIn-Profil veröffentlichen. Deswegen ist eine abgestimmte Seite zu Ihrer Person, die die Angaben in den Social-Media-Plattformen ergänzt, hilfreich.

Eine Heimat für die eigenen Podcasts

Wenn Sie Ihren eigenen Podcast veröffentlichen, dann benötigen Sie immer eine Plattform, die Sie verwenden, um die Hörer/Zuschauer zu erreichen – also zum Beispiel iTunes von Apple oder YouTube von Google. Warum noch zusätzlich auf der eigenen Website etwas machen? Sie haben die bessere Kontrolle über die zusätzlichen Informationen, die der Hörer sieht.

Wir selber betreiben deswegen für unseren Marketingpodcast *GuerrillaFM* eine eigene Website (http://guerrillafm.de), die nur unsere eigenen Sendungen beheimatet. Diese ist auch unabhängig von unserer Unternehmenswebsite.

Auf guerrillaFM.de kann der Hörer ausführliche Beschreibungen (»Shownotes« genannt) für die einzelnen Folgen erhalten, zusätzliche Links zu interessanten Angeboten, weitere Informationen zu den Gästen der Sendung und ähnliche Folgen zum gleichen Thema leichter finden.

Außerdem können Sie andere Angebote machen, zum Beispiel zu Ihrem Newsletter einladen. Alles Dinge, die Sie auf den anderen Plattformen nicht oder nur eingeschränkt machen können. Außerdem haben Sie keine fremden Angebote als Werbung vor oder nach Ihrer Sendung oder wie bei YouTube automatisch Sendungen anderer Anbieter nach Ihrer eigenen Sendung, die dort automatisch angezeigt oder beworben werden.

KAPITEL 2

Google AdWords – zehn Millionen Interessenten in zehn Minuten

Man kann Google lieben oder das Unternehmen misstrauisch beäugen – aber im Internet kommt man um die kalifornische Suchmaschine nicht herum. Besonders nicht in Deutschland.

> Fakt: Der Marktanteil von Google in Deutschland liegt laut der letzten Auswertung von 2015 bei 94,52 Prozent aller Suchanfragen.

Menschen suchen etwas mit Google, weil sie eine Lösung für eine Frage oder ein Problem suchen. Sie und ich suchen in Google mit der gleichen Absicht. Und Ihre Interessenten und potenziellen Kunden auch.

Die Haupteinnahmequelle[2] für Google sind bis heute Werbeanzeigen in der Liste der Suchergebnisse. Klickt ein Nutzer auf eine dieser Anzeigen, landet er auf der Seite des Werbetreibenden. Der Werbende zahlt dafür einen Betrag an Google für diesen Klick. Der Nutzer findet, was er sucht. Der Werbende hat einen Besucher auf der Website. Google hat Geld eingenommen.

Das Anzeigenprogramm Google AdWords unterstützt Unternehmen aller Art beim Finden von Interessenten für das eigene Angebot. 24 Stunden am Tag und sieben Tage die Woche.

---

[2] Im ersten Quartal im Jahr 2016 nimmt Google rund 20 Milliarden US-Dollar ein. Davon machen die Werbeanzeigen 18 Milliarden US-Dollar (rund 90 Prozent) aus. Quelle: Quartalsbericht Google

Es spielt keine Rolle, was Sie gerade tun. Egal, ob Sie beim Kunden an einem Projekt arbeiten oder Urlaub machen. Ob Sie zu Hause bei Ihrer Familie sind oder im Büro fleißig Ihre Aufgaben erfüllen. Ob Sie die Kinder zur Schule fahren oder sich im Fitnessstudio abmühen – Google AdWords zeigt Ihren Interessenten Ihre Anzeigen. Und der eine oder andere wird auf Ihre Anzeige klicken und Sie und Ihr Angebot dadurch kennenlernen. Und davon werden wieder einige zu Ihren Kunden. Google AdWords ist die perfekte Maschine für Kundenanfragen. Oder Bestellungen. Das Besondere an Google ist: Sie zahlen nur für die Klicks, die Ihre Anzeigen erzeugen. Wenn sich 10 000 Menschen eine Google-Suchergebnisseite ansehen, die Ihre Anzeige enthält, und nur zwölf Personen klicken auf die Anzeige, dann zahlen Sie an Google auch nur für diese zwölf Klicks. Und nicht für die 10 000 Impressionen. Das war bei der Einführung eine Sensation. Nicht mehr der Tausender-Kontaktpreis einer Anzeige bestimmt die Kosten, sondern nur die erfolgreichen Klicks.

Eines der wichtigsten Konzepte beim Onlinemarketing ist die Unterscheidung in der Qualität des Besuchers. Wenn Sie einem Webbenutzer eine Werbeanzeige vor die Nase setzen, dann ist das meistens störend. Wenn Sie eine Nachrichtenseite besuchen, dann ist eine Volkswagen-Werbung mit hoher Wahrscheinlichkeit dort für Sie keine interessante Anzeige. Sie interessieren sich als Besucher einer Nachrichtenseite wahrscheinlich nicht für den neuen Golf. Klicken Sie trotzdem auf die Anzeige, dann bedeutet es nicht immer automatisch, dass Sie sich brennend für das Produkt interessieren. Vielleicht nur ein wenig.

Suchen Sie aber in Google konkret nach »neuen Volkswagen Golf kaufen« in der Suchmaschine, sind Anzeigen für das Sondermodell XY beim Volkswagen Golf für Sie schon erheblich spannender. Sie suchen ja wahrscheinlich nicht nach »neuen Volkswagen Golf kaufen«, weil Ihnen langweilig ist, sondern weil Sie sich einen Volkswagen Golf kaufen wollen. Oder einen Kauf in Betracht ziehen. Und jetzt wird die Anzeige für ein Sondermodell schon viel interessanter. Der Suchende hat eine andere Einstellung als zum Beispiel der Besucher einer Nachrichtenseite im Netz.

Ein Besucher, der selber aktiv sucht, ist unserer Erfahrung nach viel wertvoller als der Besucher eines anderen Online-Anzeigenmediums (alles, was nicht aus einer Suchmaschine stammt).

Im Vertrieb ist es ja genauso. Jemand, der aktiv in Ihrem Unternehmen anruft, ist meistens leichter zum Kauf zu bewegen als ein Interessent, den Sie mit telefonischer Kaltakquisition kontaktieren.

Googles heiliger Gral – Relevanz!

Wann immer es um die Suchmaschine Google geht, haben wir eine einfache Sichtweise.

Google tut alles, damit die Nutzer der Google-Dienste zufrieden sind. Einfache Logik: Bin ich als Nutzer zufrieden mit dem Ergebnis zum Beispiel meiner Internetrecherche, dann werde ich auch in Zukunft weiterhin die Google-Suche verwenden. Verwenden viele Menschen Google-Produkte, und im Speziellen die Google-Suche, dann kann Google weiterhin mehr Werbung über das Werbeprogramm Google AdWords verkaufen. Und das tun Nutzer, wenn die Ergebnisse eine hohe Relevanz für sie haben.

Wir glauben deswegen, dass der heilige Gral bei Google die *Relevanz* ist. Wenn das, was ich bei einer Google-Suche suche, eher dort gefunden wird als bei anderen Suchmaschinen, dann verwende ich die Google-Suche immer wieder.

Um dieses Ziel zu erreichen, arbeitet Google unermüdlich daran, dass Sie bei der Eingabe von Suchbegriffen idealerweise auf einer Seite landen, die das Ziel Ihrer Suche trifft. Was wollen Sie idealerweise bei den Suchergebnissen auf der ersten Seite finden, wenn Sie nach einem »Hotel in Marrakesch« suchen? Wahrscheinlich ein Hotel, das Sie in Marrakesch buchen wollen.

Wenn Sie als Suchender die angezeigten Ergebnisse nicht brauchbar finden, suchen Sie vielleicht noch auf den Folgeseiten. Auch kein

Glück? Dann formulieren Sie die Suche wahrscheinlich neu. Google bemerkt, ob Sie schnell wieder von einer Seite zurückkehren. Passiert das sehr oft, dann wird die Seite in der Reihenfolge irgendwann weiter unten auftauchen.

Auch wenn einige Themen bei der Optimierung von Webseiten sich immer wieder ändern, hat Google seit seiner Gründung immer dieses Ziel im Auge: Wie erhöhen wir den Nutzen für unsere Nutzer, damit unsere Werbekunden noch mehr Geld bei uns ausgeben?

Das ist auch ein hilfreicher Hinweis für das eigene Tun im Marketing:

> ➤ Was ist relevant für meine potenziellen Kunden?
> ➤ Was könnte unsere Interessenten interessieren?
> ➤ Was finden bestehende Kunden interessant?
> ➤ Wie machen wir unsere Website, unsere Broschüren, unser XING- oder LinkedIn-Profil relevanter?

Die mobile Revolution und andere Kleinigkeiten

Als wir dieses Buch geschrieben haben, wollten wir ursprünglich auf Screenshots verzichten. Grund Nummer eins: Bei Google und auch den anderen Onlinetools verändern sich andauernd eine Unmenge Details. So sind die Abbildungen möglicherweise schon schnell veraltet, wenn das Buch erschienen ist.

Bis vor Kurzem waren zum Beispiel die Anzeigen bei Google AdWords anders angeordnet: drei Anzeigen oben, dann die nächsten bis zu sieben Anzeigen am rechten Rand. Durch die Veränderungen beim Nutzerverhalten (mehr als die Hälfte der Besucher bei der Google-Suche benutzen mobile Endgeräte) sind die Anzeigen jetzt aufgeteilt – oben kommen Anzeigen und danach am Ende der organischen Suchergebnisliste wieder weitere Anzeigen. Jetzt erscheinen die Anzeigen auf dem Desktop weitestgehend in der gleichen Aufmachung wie auf dem Mobilgerät des Nutzers.

Mobilgeräte sieht Google als so wichtig an, dass es ein Kriterium für die Bewertung ist (und damit auch für die Position Ihrer Website bei der Google-Suche), wie gut sich Ihre Website auf einem Smartphone ansehen lässt.

So gibt es aber nicht nur bei der Anordnung von Textanzeigen Veränderungen: Nach 15 Jahren ändert Google die Art, wie man Textanzeigen bei Google AdWords schreibt. Diese heißen jetzt *erweiterte Textanzeigen*, aber noch im Jahr 2016 werden diese die bisherigen Anzeigen ablösen.

Um Ihnen die Arbeitsschritte beim Benutzen von Google AdWords klarer zu machen, haben wir nun doch Screenshots eingefügt.

Am Ende sind die Prinzipien, wie man die Werkzeuge einsetzt, unabhängig vom aktuellen Aussehen. Sie werden wohl auch in Zukunft häufiger bei den verschiedenen Marketingoptionen neue Dinge lernen müssen.

Organische Suche oder Suchanzeigen?

Am besten wäre es natürlich, wenn wir bei einer Google-Suche immer auf der ersten Seite auftauchten. Die »unbezahlten« Suchergebnisse (*organische Suchergebnisse* genannt) für meine Suchbegriffe möglichst auf der ersten Ergebnisseite sind der heilige Gral aller Webseitenbetreiber. Wir bekommen all die Besucher, die wir wollen, und bezahlen nicht einen Cent dafür an Google. Toll!

Das ist der Wunsch *aller* Kunden, die zu uns kommen und sich zum Thema Webseitenmarketing beraten lassen: Wir wollen nur auf die erste Seite! (Ganz bescheiden: nur auf die erste Seite der Suchergebnisse, mehr nicht ...)

Auch wenn es natürlich möglich ist, auf der ersten Seite zu landen (das ist das Arbeitsgebiet der Suchmaschinenoptimierer oder kurz SEO-Spezialisten), ist es für die meisten Unternehmer schwierig, dort überhaupt zu landen oder dort zu bleiben.

Warum? Auf der ersten Ergebnisseite bei einer Google-Suche stehen im Normalfall zehn organische Suchergebnisse. Wenn wir also etwas suchen wie zum Beispiel »Klempner in Berlin«, dann tauchen zehn organische Suchergebnisse auf, die nichts dafür bezahlen, dass diese Einträge auf der ersten Seite landen.

Wenn wir das im Moment in der Suchmaschine abfragen, dann zeigt Google für diesen Suchbegriff »Klempner in Berlin« insgesamt 383 000 Suchtreffer an. Es gibt also rund 38 300 Ergebnisseiten mit jeweils zehn Ergebnissen.

Auf den Suchbegriff »Klempner in Berlin« erscheinen
bei Google 383 000 Ergebnisse.

Zuerst werden neben den organischen Suchergebnissen von Google auch Anzeigen von Werbekunden angezeigt. Hier jetzt vier Stück.

Dann folgt abhängig vom Standort Ihrer Suche die Anzeige von Google My Business mit Kartenausschnitt. Dann folgen die organischen Suchergebnisse.

Aber in diesem Fall landen auf der ersten Seite nur zwei oder drei echte Klempnerbetriebe – die anderen Suchergebnisse sind Verzeichnisse für Klempnerbetriebe (Branchenbuch, die Gelben Seiten, Yelp, eBay-Kleinanzeigen, Telefonbuch et cetera), die für den Eintrag meistens ebenfalls Gebühren vom Sanitärbetrieb verlangen, und beim Anklicken der Seiten der Verzeichnisse finden die potenziellen Kunden nicht nur ihr Angebot, sondern auch das aller anderen Wettbewerber, die sich dort tummeln.

Am Ende der Ergebnisseite sehen Sie dann wieder weitere drei Anzeigen und ähnliche Suchanfragen, wenn Sie Ihre Suche modifizieren wollen.

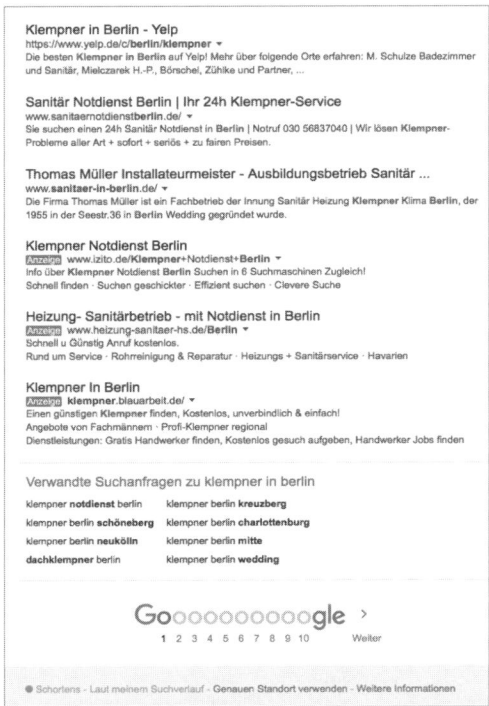

Auf der ersten Seite landen nur wenige echte Klempnerbetriebe – ansonsten nur Verzeichnisse für Klempnerbetriebe. Warum stehen die großen Websites so oft an erster Stelle?

Google benutzt sehr viele Algorithmen, um die Bedeutung (Relevanz) einer Website zu analysieren. Das betrifft die verwendeten Texte auf der Website ebenso wie auch die Anzahl der verlinkten anderen Webseiten auf einer Website, Bilder et cetera. Dabei haben natürlich zum Beispiel eBay-Kleinanzeigen oder das Branchenbuch eine erheblich höhere Zahl an Verlinkungen und damit eine höhere Bedeutung, als es ein kleinerer Klempnerbetrieb in Berlin hat.

Wenn Sie genug Zeit und Energie investieren, dann können Sie über mehrere Monate Ihre organische Suche verbessern und eventuell auf der ersten Suchergebnisseite landen. Ein guter SEO-Spezialist kann dort helfen. Sollten Sie das tun? Wenn Ihre Website für Sie eine wesentliche Quelle für potenzielle Kunden ist, auf jeden Fall. Aber bei SEO brauchen Sie eben auch viel Geduld, Zeit und Geld.

Sie können aber auch in zehn bis 30 Minuten auf der ersten Suchergebnisseite bei Google landen. Garantiert. Mit Google AdWords.[3]

Google AdWords – Groschengrab oder Riesenchance?

Viele Unternehmer, die zu uns ins Büro kommen, sind zuerst nicht so begeistert, wenn wir vorschlagen, sie sollten Google AdWords ausprobieren: »Google AdWords? Das haben wir schon mal versucht, hat uns viel Geld gekostet und nichts gebracht« oder »Ich habe gehört, dass Google AdWords nicht funktioniert ... «

Natürlich gibt es immer wieder auch Fälle, wo es keinen Sinn macht, Google AdWords einzusetzen. Ein Kosmetikunternehmen, dessen Zahlen wir recht gut kennen, hat für seine Zielgruppe von zwölf- bis 15-jährigen Mädchen im direkten Werbevergleich zwi-

---

[3] Was sich anhört wie billige Werbung, ist mit AdWords Realität. Manchmal dauert allerdings die Überprüfung einer Anzeige und das erste Schalten einer Anzeige etwas länger, aber im Vergleich mit anderen Onlinemaßnahmen (SEO, Linkbuilding et cetera) ist AdWords rasend schnell.

schen Google AdWords und Facebook Anzeigen eindeutig den besseren Ertrag pro Euro Werbeausgabe bei Facebook erzielt.

Wie können Sie das für Ihr Unternehmen herausfinden? Sie müssen es testen! Starten wir also mit Google AdWords.

Welche Vorteile hat Google AdWords?

➤ Sie zahlen in der Regel bei Google nicht den aus anderen Werbemitteln bekannten Tausender-Kontaktpreis, sondern nur für die aktiv durch die Websuchenden durchgeführten Klicks auf Ihre Anzeigen, und trotzdem zeigt Google Ihre Anzeige auch vielen Besuchern, die nicht auf die Anzeige klicken.

➤ Sie können für viele Suchbegriffe auf der ersten Ergebnisseite landen – nicht nur für einige wenige.

➤ Man lernt sehr schnell, wie die eigenen Kunden suchen und denken.

➤ Sie können die Begriffe lernen und verstehen, welche die Kunden benutzen, und nicht die Fachbegriffe, von denen Sie glauben, dass Kunden diese nutzen.

➤ Sie können AdWords bei Bedarf einschalten – und auch wieder abschalten –, für kurze Kampagnen oder es auch einmal einstellen, optimieren und dann (fast) wartungsfrei über lange Zeit laufen lassen.

➤ Ihre Anzeigen können nicht nur bei der Google-Suche angezeigt werden, sondern auch bei thematisch ähnlichen Websites, die am Google-AdSense-Programm (bei Google AdWords Displaynetzwerk genannt) teilnehmen.

Es beginnt alles, wenn jemand etwas sucht

Herr Schmidt sucht nach Produkten gegen Haarausfall. Oder Frau Meier sitzt auf dem Sofa im Wohnzimmer und gibt in Google die Suche »Gesichtsfalten reduzieren« ein, weil sie findet, dass sie zu viele Falten hat, und etwas dagegen tun will.

Wenn wir das aktuell in Google eingeben, dann tauchen bei der Suche »Gesichtsfalten reduzieren« zuerst die bezahlten Anzeigen auf.

Heute erscheinen daraufhin folgende Ergebnisse auf unserem Bildschirm:

Google-Suche nach dem Begriff »Gesichtsfalten reduzieren«

Überall da, wo der grüne Text *Anzeige*[4] vorangestellt ist, sehen wir keine Suchergebnisse, sondern eine Werbeanzeige. Wenn man die Suche wiederholt, dann erscheinen im Normalfall immer wieder andere Anzeigen, oder die Anzeigen wechseln die Position.

---

[4]   Die Farbe der *Anzeige*-Markierung ändert sich immer wieder. Vor Kurzem war die Farbe Gelb, jetzt ist es Grün. Google ändert und optimiert auch immer wieder einzelne Darstellungen mehr oder weniger massiv.

Alle Suchergebnisse ohne den grünen Anzeigenvermerk sind sogenannte organische Suchergebnisse, wofür der Betreiber der Website nichts an Google bezahlt. Diese Seiten werden durch Google-Software regelmäßig indiziert und dann nach Relevanz gewichtet dargestellt.

Wenn unsere Suchende nun auf eine der Anzeigen klickt, dann landet sie auf der hinterlegten Seite – in diesem Fall zum Beispiel bei der ersten Anzeige einer Praxis für ästhetische Medizin in Berlin. Die Seite, auf der man nach dem Klick landet, sieht so aus:

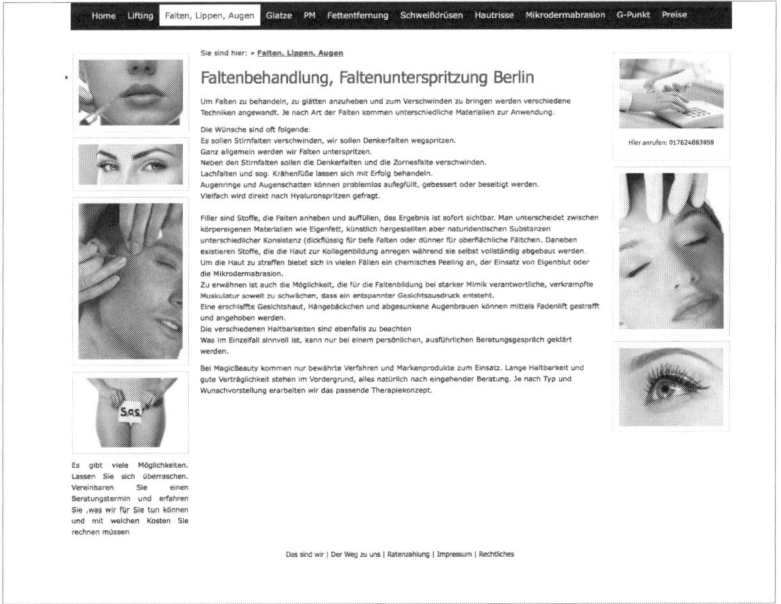

Die hinterlegte Website erscheint, wenn man die Anzeige anklickt. Nun gibt es drei Möglichkeiten:

1. Der Besucher sieht sich die Seite an und geht weg.
2. Der Besucher fordert Unterlagen an oder nimmt Kontakt auf.
3. Der Besucher ist noch nicht bereit zu handeln, aber hinterlässt seine E-Mail-Adresse, um weiter informiert zu werden.

Wenn der Werbende nun Glück hat, liest der Besucher den Text auf seiner Website und nimmt dann per Formular oder Anruf mit diesem Unternehmen Kontakt auf. Für diesen Klick bezahlt das Unternehmen in jedem Fall an Google den Klickpreis (CPC = Cost per Click) von im Moment 0,35 Euro bis 2,17 Euro pro Klick für diesen Suchbegriff.

Der Preis wird allerdings im Auktionsverfahren vergeben und deswegen variieren die Preise anhand von verschiedenen Kriterien, wie etwa der Bereitschaft der anderen Anzeigenkunden, für den gleichen Suchbegriff entsprechend mehr oder weniger auszugeben. Die genauen Details erklären wir im Verlauf der kommenden Seiten.

Die Anzeigen, die Sie in Google AdWords erstellen, können aber nicht nur in den Suchergebnissen erscheinen, sondern auch auf anderen Webseiten auftauchen, die am Google-AdSense-Programm teilnehmen. Im Google-AdWords-Jargon heißt dieser Bereich, den Sie zusätzlich buchen können, Displaynetzwerk. Im Normalfall sind die Anzeigen im Displaynetzwerk preiswerter als vergleichbare Google-Suchanzeigen (oder sollten es sein). Diese Betreiber von Websites, die am AdSense-Programm teilnehmen, gestatten Google, thematisch mehr oder weniger relevante Anzeigen auf ihrer Website anzuzeigen. Wofür Google dann einen kleinen Prozentsatz der Werbeeinnahmen aus dieser Anzeige an die Website-Betreiber ausschüttet.

Wenn also unsere Suchende sich auf einer Website einen Artikel zu Schönheitsoperationen durchliest und nicht auf eine Anzeige klickt, dann wird dort eventuell ebenfalls eine Anzeige eingeblendet. Auch hier kann der Besucher bei Interesse die Anzeige anklicken und er landet auf der Website des Werbenden.

BEAUTY L♥VE

HOME   SCHÖNHEIT   GEWICHTSVERLUST   GESUNDHEIT UND WELLNESS   ZUHAUSE ODER

 Liebe Schoumlnheit > Schönheit > Beautytipps > Grundlegende Fragen Zu Neapel-Plastische Chirurgie

Grundlegende Fragen Zu Neapel-Plastische Chirurgie

Schönheitsoperation

Ästhetisch-Plastische Chirurgie
Angenehmes Ambiente in
Privatklinik

Brustchirurgie ist als ein Verfahren bekannt zu reduzieren oder die Größe, Form oder das Gefühl der Brust zu verbessern. Es wird als eine Art der Chirurgie bekannt, die auf der Brust durchgeführt wird. Verschiedene Arten von Brust-Operationen werden in Thailand für die women.A Nashville Klinik für plastische Chirurgie zur Verfügung gestellt, die Sie vertrauen können, um einen Unterschied in der Art des Verfahrens zu machen, die Sie durchgeführt haben. Arbeiten mit jedem plastischen Chirurgen ist ein Sprung des Glaubens, sondern eine, die oft Sie auf die Forschung machen basiert, die Sie in das Verfahren getan haben, sich selbst und die Profis, die sie durchführen wird. Alle Verfahren der plastischen Chirurgie, unabhängig davon, wie scheinbar geringfügige, müssen mit größter Sorgfalt und professionelle Fähigkeiten behandelt werden. Eine Klinik für plastische Chirurgie Nashville, die Ihnen große Referenzen und Kundenempfehlungen bieten kann, wird auf jeden Fall ein, dass Sie interessiert sein sollte, aber wie finden Sie, was Sie suchen, wenn Sie noch nie plastische Chirurgie in der Vergangenheit gehabt? Sie wollen nicht sich zu einem Ärgernis, nur so Ihre E-Mail-Newsletter einmal im Monat oder weniger schicken. Eine wirksame plastische Chirurgie-Marketing-Kampagne bedeutet nicht, dass Sie in ständigem Kontakt mit potenziellen Kunden zu sein, haben Sie sie nur einmal über Ihre Dienstleistungen zu erinnern, in ein while.As Zeiten entwickeln plastische Chirurgie wird immer beliebter, und obwohl viele Menschen die Schuld der Medien es ist einfach ein Ergebnis von Individuen mit der Gesundheit und Schönheit mehr besorgt werden. Es ist nicht umsonst mit besorgt zu sein, wie man sieht es ganz natürlich ist, und es ist Tatsache, dass, wenn man nicht betroffen war, sie

Eingeblendete Anzeige: Auch sie führt bei Anklicken auf die hinterlegte Website. Auch hier zahlt der Werbetreibende nur für die Klicks und nicht für die Anzahl der gezeigten Anzeigen (Impressionen). Klickt man also auf die Anzeige »Schönheitsoperation«, landet man auf einer Website für eine Klinik, die ästhetische Chirurgie durchführt.

Home » Ästhetische Chirurgie

ISO 9001 — Klinik mit zertifiziertem Qualitätsmanagement nach DIN EN ISO 9001:2008

Ästhetische Chirurgie

Attraktive Menschen haben es vielfach leichter im Leben – sowohl privat als auch beruflich. Das äußere Erscheinungsbild eines Menschen hat einen starken Einfluss darauf, wie er wahrgenommen wird und ist damit ein wichtiger Faktor für Erfolg. Schönheitsoperationen sind daher nicht mehr weg zu denken.

Zur Verbesserung des Aussehens kann eine Schönheitsoperation (ästhetische Chirurgie) einen entscheidenden Beitrag leisten, indem sie auf feinfühlige Weise mit kleinen Veränderungen eine große Wirkung erzeugen kann – less is more.

Ästhetische Chirurgie heute

Die moderne ästhetische Chirurgie bietet eine Vielzahl von Möglichkeiten, zu einem besseren Aussehen zu gelangen. Erst in der Hand von kompetenten ästhetisch-plastischen Ärzten sind diese Methoden auch zuverlässig und sicher, weil es für ihre Anwendung eines fundierten medizinischen Wissens um das Zusammenspiel von Haut, Muskeln und Nerven bedarf. Da Kosmetische Chirurgie sich mit dem Herstellen von Schönheit befasst, ist ein gutes Gespür für das, was gut aussieht, eine weitere entscheidende Grundlage für unsere erfolgreiche Arbeit.

Schönheitsoperation mit hoher medizinischer Kompetenz

In über 10.000 ästhetisch-plastischen Operationen – von Fettabsaugung über Brustvergrößerung, Po-Straffung, Lidkorrektur und Nasenkorrektur – haben wir diese besondere Verbindung von medizinischer und ästhetischer Kompetenz belegen und kontinuierlich erweitern können. Eine Erfahrung von der unsere Patienten profitieren, weil auch die ästhetische Chirurgie die üblichen Risiken eines medizinischen Eingriffs birgt.

Hinweis
Seit 1. April 2006 ist es allen Fachärzten für plastisch-ästhetische Chirurgie aufgrund der Erweiterung des Heilmittelwerbegesetzes (HWG) nicht mehr erlaubt, ihre Vorher-Nachher Fotos zu veröffentlichen. Innerhalb eines persönlichen Beratungsgespräches und der damit verbundenen direkten fachlichen Anfrage, steht es uns jedoch frei, unsere zahlreichen Vorher-Nachher Referenzen zu zeigen.

Jeder, der sich im Internet bewegt, kennt diesen Mechanismus, und ab heute werden Sie wahrscheinlich nicht nur die Anzeigen beim Surfen auf Webseiten und in der Google-Suche mit neuen Augen sehen, sondern sich wahrscheinlich auch die Frage stellen: Wie viel kostet es, diese Anzeigen zu schalten? Die Antwort: Das Schalten der Anzeigen kostet bei Google AdWords erst einmal nichts, das Anklicken der Anzeigen kostet Sie als Werbetreibender Geld.

Diese Frage wird uns natürlich auch intensiver beschäftigen, wenn wir Google AdWords nutzen wollen, um Anzeigen zu schalten: »Wie viel darf ein Klick kosten?«

Um diese Frage zu beantworten, müssen wir einen anderen Aspekt zuerst verstehen. Was für einen Wert hat ein Besucher für Sie auf Ihrer Website?

Der Wert eines Besuchers oder wie viel ein Klick kosten darf

Bevor es losgeht: Holen Sie sich einen Kaffee oder Tee, nehmen Sie einen Block und einen Taschenrechner (oder Ihren Laptop + Excel) und holen Sie tief Luft. Das wird ein mehr oder weniger schwieriger Abschnitt für Sie.

Wenn Sie gut mit Zahlen umgehen können, dann ist es einfacher; wenn Sie lieber andere rechnen lassen, dann nehmen Sie sich bitte trotzdem die Zeit, diesen Abschnitt zu lesen und parallel den Berechnungen zu folgen. Sie benötigen nur die Grundrechenarten und es wird sich langfristig lohnen.

Nicht nur bei Google AdWords ist der nachfolgende Abschnitt wichtig. Es ist überhaupt unserer Meinung nach eine der wichtigsten Fragen für jede Art von Marketing: Was ist der Wert eines Besuchers? Oder: Wie viel darf mich eine qualifizierte Kundenanfrage kosten? Oder: Wie viel Geld darf ich für einen Auftrag im Marketing ausgeben? Was darf ein Kunde kosten?

Im Vertrieb lautet die gleiche Frage: Wie viele Anfragen führen zu einem Angebot und wie viele Angebote führen zu Umsatz?

Nehmen wir an, Sie bekommen online, telefonisch oder durch eigene Vertriebsanstrengungen 30 Anfragen im Monat. Von diesen

30 Anfragen sind sechs interessant genug und Sie schreiben jeweils ein Angebot. Aus diesen sechs Angeboten werden zwei Aufträge. Jeder Auftrag hat im Mittel einen Umsatzwert von 12 000 Euro. Wir haben einen angenommenen Rohertrag von 25 Prozent pro Euro Umsatz. Jetzt können wir den Wert einer Anfrage berechnen:

> 24 000 Euro Umsatz / 30 Anfragen = 800 Euro Umsatz pro Anfrage × 25 Prozent Rohertrag = 200 Euro Rohertrag pro Anfrage

Wenn Sie zum Beispiel die Hälfte des Rohertrages für Ihre Anfragegenerierung ausgeben, dann darf eine Anfrage in diesem Beispiel 100 Euro kosten.

> 24 000 Euro Umsatz / 6 Angebote = 4 000 Euro Umsatz pro Angebot oder 1 000 Euro Rohertrag pro verschicktem Angebot

Und keine der Anstrengungen in unserem Rechenbeispiel sollte mehr als 3 000 Euro kosten (= 30 × 100 Euro), um diese 30 Anfragen zu generieren.

Wie viel Geld können Sie jetzt für einen Besucher auf Ihrer Website ausgeben? Diese Frage ist der Startpunkt für eine Auswertung Ihrer Websitestatistiken, Anrufprotokolle et cetera.

Auf wie viele Besucher Ihrer Website erhalten Sie eine Anfrage/ Bestellung? Nehmen wir an, Sie haben heute 4 000 Besucher im Monat auf Ihrer Website. Von diesen 4 000 Besuchern fragen zehn über das Kontaktformular bei Ihnen an. Zwei davon sind interessant genug, dass Sie jeweils ein Angebot herausschicken. Wenn wir die obige Rechnung anhand dieser Zahlen durchrechnen, dann kommen wir auf folgende Werte:

Rechenbeispiel

Zwei Angebote = 2 000 Euro Rohertrag × 50 Prozent Einsatz als Marketingbudget = 1 000 Euro »erlaubte Kosten« für die Generierung der beiden Angebote oder 500 Euro pro Angebot.

Sie bekommen heute über das Kontaktformular zehn Anfragen, die zu zwei Angeboten führen. Also erzielen Sie aus fünf Anfragen jeweils ein Angebot. Jede Anfrage hat also einen internen Wert von 100 Euro (500 Euro/Angebot geteilt durch fünf Anfragen = 100 Euro).

Heute führen 4 000 Besucher zu zehn Anfragen und damit zu zwei Angeboten: Sie dürfen für 4 000 Besucher gleicher Qualität entweder 1 000 Euro zahlen (= 0,25 Euro pro Besucher) oder aber die Qualität der Besucher muss besser sein, damit Sie die höheren Kosten pro Besucher rechtfertigen können. Aber auch so wissen Sie in diesem Beispiel, dass Sie irgendwo zwischen 0,25 Euro pro Besucher bis maximal 0,50 Euro (den gesamten Rohertrag!) für einen Klick ausgeben dürfen.

Alleine das Berechnen der »erlaubten« Marketingausgaben pro Besucher/pro Anfrage/pro Angebot/pro Umsatz ist ein erster Schritt, um Ihren Wettbewerbern weit voraus zu sein. Die meisten Unternehmen, die wir kennen, haben im Marketing keine Kundengewinnungskosten vorliegen. Benutzen Sie diese Messzahlen, um den nächsten Messebesuch, die Bannerwerbung, eine Telefonaktion, Google AdWords oder Facebook Anzeigen zu bewerten.

Natürlich verändert sich sofort die Ausgangslage, wenn wir einen höheren Rohertrag haben. Oder wenn der Kunde nach dem ersten Auftrag erneut bestellt und wir nicht die Kundengewinnungskosten mit dem ersten Auftrag verdienen müssen. Dann ist die Berechnung identisch, nur haben Sie mehr Budget pro Klick.

Wir haben Kunden, die im Dienstleistungsbereich tätig sind und einen Rohertrag von 80 bis 95 Prozent vom Umsatz haben und die deswegen durchaus bereit sind, große Teile des Ertrages des ersten Auftrags in die Kundengewinnung zu investieren. Es gibt Unternehmen, die geben pro Klick nicht nur einen Euro oder fünf Euro aus, sondern 20 Euro und mehr, weil Sie wissen, dass sich ihre Ausgabe unter dem Strich rechnet.

Aber eines gilt – egal ob Sie nun Google AdWords einsetzen oder nicht: Sie müssen Ihre Zahlen kennen, bevor Sie eine Kampagne starten, und anhand der Ergebnisse bewerten, was ein gutes Marketinginstrument für Sie ist. Viele Leute starten Google AdWords mit viel Enthusiasmus und stoppen dann frustriert die Kampagne nach sehr kurzer Zeit, weil »es nichts bringt«.

Unserer Erfahrung nach ist aber der Grund meistens nicht, dass Google AdWords nicht in diesem Markt funktioniert, sondern die Grundlagen der Kampagne wurden nicht ausreichend berechnet und danach entsprechend optimiert. Für jeden Google-AdWords-Kunden, der die Flinte ins Korn wirft, gibt es einen Wettbewerber, der mit einer anderen Herangehensweise in der gleiche Branche Google AdWords profitabel zur Kundengenerierung nutzt. Oder aber aufgrund der Zahlen andere Marketinginstrumente erfolgreich nutzt.

Sie können die gleichen Mechanismen bei anderen Werbeformen nutzen: Facebook-Werbung unterliegt den gleichen Prinzipien. Der zeitliche Aufwand, den Sie bei Pinterest oder Twitter betreiben, lässt sich genauso bewerten wie die Anzeigenkosten von Google und Facebook. Wie viel kostet es Sie, eine Stunde Twitter zu betreuen? Wie viele Klicks und Bestellungen generieren Sie damit? Was sind die Kosten im Vergleich zum Ertrag? Oder, wenn Sie Bannerwerbung auf einer speziellen Website schalten, was kostet die Banneranzeige? Wie viele Besucher generiert sie? Wie viele von den Besuchern, die über diesen Kanal (= zum Beispiel die Bannerwerbung) gekommen sind, haben Kontakt aufgenommen oder etwas bestellt?

All diese Informationen erhalten Sie aus Ihrer Websitestatistik. Hier können Sie zum Beispiel das kostenfreie Tool Google Analytics verwenden, welches sich auch einfach mit Google AdWords verknüpfen lässt, oder Sie verwenden die hervorragende deutsche Lösung aus Hamburg: etracker (www.etracker.de).

So starten Sie Ihre erste AdWords-Kampagne

Um eine erste Kampagne in AdWords zu schalten, müssen Sie sich erst bei Google AdWords anmelden, falls noch kein AdWords-Konto vorhanden ist. Eine Anleitung, wie Sie das selber in drei Minuten erledigen können, finden Sie direkt bei Google unter:
https://www.Google.de/intl/de/adwords/signuptips/

Was brauchen Sie dafür?

➤ Ihre Absicht: Wozu wollen Sie den Besucher auffordern? Kauf eines Produktes? Newsletter-Eintragung? Anmeldung für eine Hausmesse?
➤ Erste Suchbegriffe (Keywords)
➤ Eine Website (idealerweise eine Anzahl von Landeseiten)
➤ Eine erste Anzeige, bestehend aus Headline (Überschrift) und einer kurzen Beschreibung, sowie eine URL (Webadresse), auf die der Suchende geschickt wird, wenn er die Anzeige anklickt
➤ Eine E-Mail-Adresse
➤ Eine Kreditkarte oder Bankverbindung
➤ Das monatliche Budget, welches Sie ausgeben wollen

Suchbegriffe – die Kunst der richtigen Wortwahl

Die richtige Wortwahl bei den Suchbegriffen und später auch bei der Headline und den Anzeigentexten ist ganz entscheidend dafür, dass man bei der Google-Suche gefunden wird. Auch später bei der Headline und den Anzeigentexten für Google AdWords entscheidet die richtige Wortwahl über Erfolg oder Misserfolg.

Jede Branche hat ihre eigenen Fachbegriffe, Berufsbezeichnungen und Abkürzungen. Jeder Mensch hat seine eigene Präferenz für bestimmte Worte und Formulierungen, wenn er etwas sucht oder beschreibt.

Die offizielle Berufsbezeichnung eines Klempners ist heute *Anlagenmechaniker für Sanitär, Heizung und Klimatechnik.*

Aber es wäre absurd, als Anbieter von Sanitär-, Heizungs- und Klimatechnikleistungen dies als Suchbegriff in einer Anzeige zu verwenden, wenn Sie über Google AdWords Endkunden für Ihre Notdienstleistungen bei der Rohrreinigung gewinnen möchten.

Google gibt für den Suchbegriff »Klempner Berlin« in der Region Berlin rund 590 Suchen im Monat an, beim Suchbegriff »Anlagenmechaniker für Sanitär, Heizung und Klimatechnik« sind es im Monat 110 Suchen. Etwas mehr als fünfmal so viele Suchanfragen in Berlin für den volkstümlichen Begriff. Und wir würden wetten, dass die Suche nach einem »Klempner« durch potenzielle Endkunden erfolgt und die Suche nach dem »Anlagenmechaniker für Sanitär« vielleicht eher ein potenzieller Auszubildender durchführt.

Und das gibt es in jeder Branche. Der Kfz-Mechaniker heißt seit 2003 nicht mehr Kfz-Mechaniker, sondern Kraftfahrzeugmechatroniker. Das ist natürlich in beiden Berufen (Anlagenmechaniker für Sanitär und Kraftfahrzeugmechatroniker) sicher die richtigere Bezeichnung, weil sie die erheblich geänderten und gestiegenen Berufsanforderungen besser beschreibt, aber die Wahrscheinlichkeit ist eben geringer, dass jemand danach sucht.

Der Begriff »Kfz-Mechaniker« wird in Deutschland im Durchschnitt im Monat rund 14-mal so oft gesucht wie der Begriff »Kraftfahrzeugmechatroniker«.

Ihre Aufgabe ist es, sich in den Kopf Ihrer potenziellen Kunden zu versetzen und über die Begriffe nachzudenken, die ein Kunde möglicherweise eingibt, wenn er nach Ihnen sucht. Auch wenn es nicht die offiziellen Fachbegriffe sein mögen, die Sie sonst verwenden.

Natürlich geht es bei der Suche nicht nur um Berufsbezeichnungen, sondern insgesamt um all die Worte, die ein Kunde verwendet, wenn er etwas sucht.

Tipps:

> ➤ Fangen Sie mit einzelnen Wörtern an und erweitern Sie die Liste dann auf komplexere Suchanfragen aus mehreren Wörtern oder ganzen Sätzen.
> ➤ Je länger die Suchfolge, desto kleiner die Anzahl der Suchen bei Google, aber eventuell umso ertragreicher für Sie …

Google AdWords oder AdWords Express?

AdWords Express ist ein spezielles Angebot für Kunden, die hauptsächlich lokal tätig sind. Es verbindet Google AdWords mit Google My Business (früher Google Places genannt).

Die Anzeigen von AdWords Express werden nur Nutzern angezeigt, die sich in einem bestimmten Umkreis vom Unternehmen befinden oder deren Sucheingabe eindeutig auf einen Standort hinweist (zum Beispiel »Fotograf Hamburg«). Dann wird auch eine Anzeige angezeigt, die vom Suchenden weiter entfernt ist.

Die wesentlichen Unterschiede zu Google AdWords

Die Einrichtung von AdWords Express ist erheblich einfacher als die Einrichtung von Google AdWords. Man benötigt für die Einrichtung des Kontos ein Google-Profil und einen Eintrag für Google My Business.

Bei der Erstellung von Anzeigen braucht man keine Suchbegriffe zu recherchieren und zu analysieren, und Kampagneneinstellungen muss man auch nicht vornehmen. Je nach Anzeigentext erstellt Google bei AdWords Express automatisch die Suchbegriffe. Jetzt kann nahezu jeder Anzeigen für sein Unternehmen schalten. Zusätzlich zu den Anzeigentexten – die so aussehen wie Google-AdWords-Textanzeigen – enthalten die Anzeigen von AdWords Express noch die postalische Anschrift und die Telefonnummer. Außerdem wird eine blaue Markierung angezeigt, die auf Google Maps verweist und sich dort mit dem blauen Marker gegenüber dem normalen roten Marker in Google Maps abhebt.

Auch lokale Betreiber ohne eigene Website können sofort Anzeigen schalten. Man benötigt kein besonderes Know-how.

Größter Nachteil: Bei AdWords Express ist alles automatisch und es ist keine individuelle Optimierung der Anzeigen, Suchbegriffe und Kampagnen möglich. Außerdem sind die Anzeigen bei AdWords Express auf eine Region beschränkt.

Wir selber raten deshalb allen Kunden, die Anzeigen für das eigene Unternehmen selbst in die Hand zu nehmen, um die Kosten für die Werbeform Google AdWords besser steuern zu können. Auch wenn die Lernkurve etwas länger ist, lohnt sich die Beschäftigung mit Google AdWords in seiner Standardversion auf jeden Fall.

AdWords Express ist jedoch eine hervorragende Möglichkeit, wenn Sie ein regionales Unternehmen betreiben und hier die Suchenden im Umkreis Ihres Unternehmens auf sich aufmerksam machen möchten.

Drei Fragen zum Start

Nachdem wir jetzt den Wert eines Besuchers auf der Website ermittelt haben, haben wir noch drei Fragen zu beantworten, bevor Sie mit einer Anzeige anfangen und die ersten Besucher auf Ihre Website bringen können:

1. Wie viele Leute suchen nach dem Begriff/Produkt?
2. Wie viel kostet ein Klick für die Keywords/Suchbegriffe?
3. Wie viele Wettbewerber schalten Anzeigen zu demselben Suchbegriff/Keyword?

Fangen wir mit der ersten Frage an:

Wie viele Leute suchen nach dem Begriff/Produkt?

Nehmen wir als Beispiel unseren Klempnerbetrieb aus Berlin: Wenn Sie bei Google angemeldet sind, suchen Sie auf der oberen Leiste den Bereich *Tools* und dort den Unterpunkt *Keyword-Planer*:

Auf dem nächsten Screen wählen Sie den Punkt *Neue Keywords finden und Daten zum Suchvolumen abrufen*:

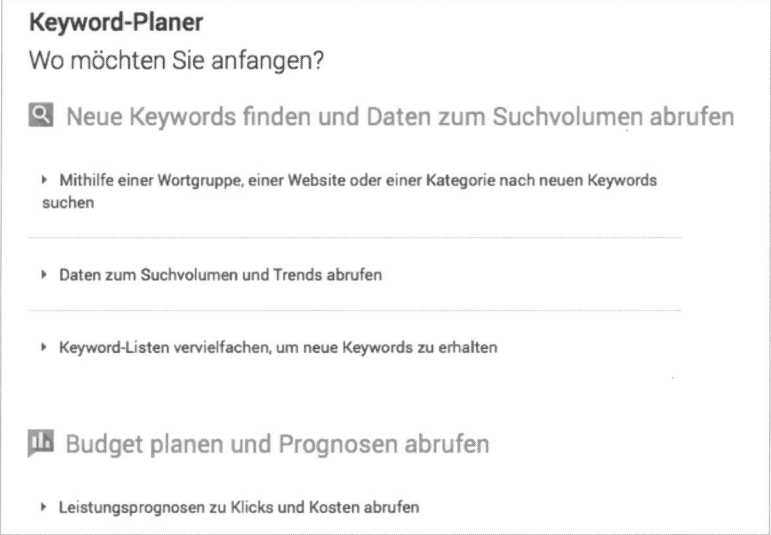

Unter *Daten zum Suchvolumen und Trends abrufen* können Sie Suchbegriffe/Keywords eingeben. Dort klicken Sie den zweiten Punkt an und können jetzt Suchbegriffe (Keywords) eingeben und die Region bestimmen. Wenn Ihre Werbung nicht weltweit laufen soll und eventuell auch nicht deutschlandweit, sondern als lokaler Sanitäranbieter nur in Berlin, dann können Sie das hier eintragen.

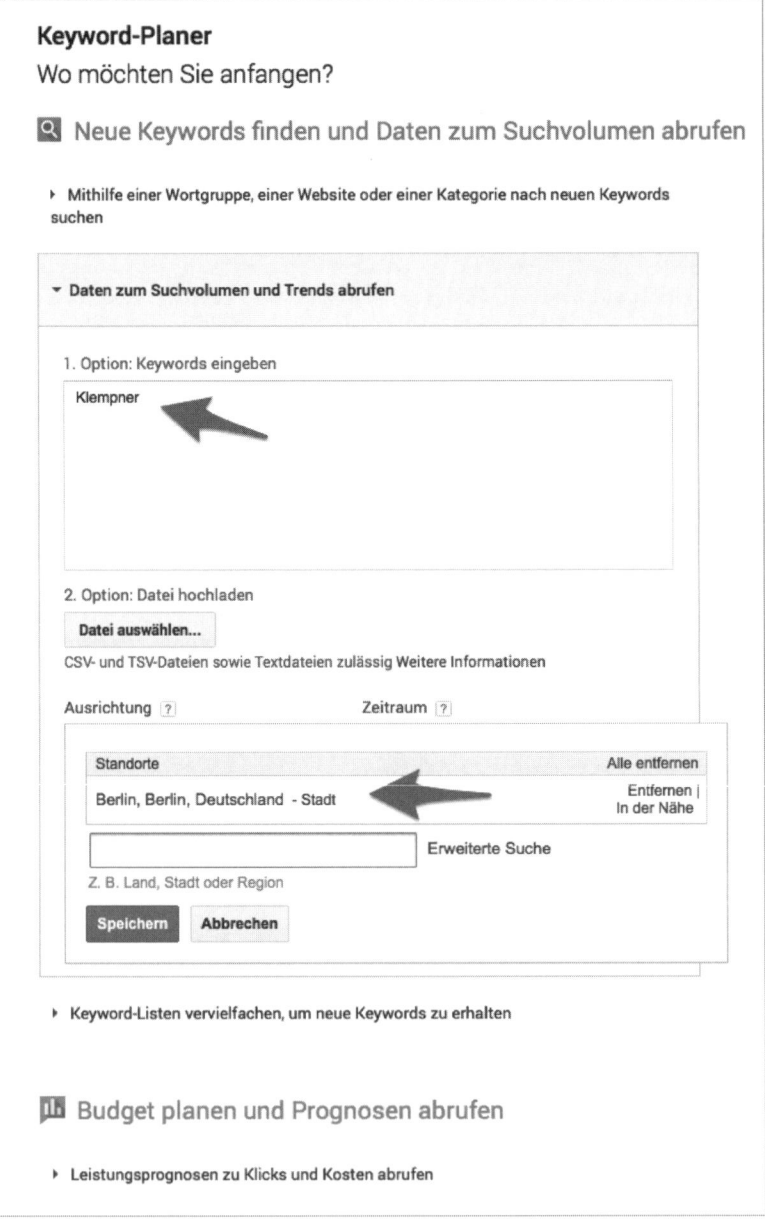

Keyword und Standort eingeben, *Speichern* und *Suchvolumen abrufen* klicken.

Danach drücken Sie *Speichern* und danach *Suchvolumen abrufen*.

Auf dem Ergebnisschirm sehen Sie nun eine Anzeige von Suchvolumen, die Google für den Begriff »Klempner« in der Region Berlin erfasst hat.

Die Kosten für einen Klick sind hier sofort ersichtlich. Hier beantwortet sich auch gleich die zweite Frage:

Wie viel kostet ein Klick für die Keywords/Suchbegriffe?

Für den sehr allgemeinen Suchbegriff »Klempner« schlägt Ihnen Google in der Übersicht ein Gebot von 1,95 Euro pro Klick vor. Wenn Sie zweimal auf die Spalte *Vorgeschlagenes Gebot* klicken, sehen Sie gleich: Die Spanne bei den durchschnittlichen Preisen, die die Werbekunden für Sucherklicks bereit waren zu zahlen, ist enorm. Sie reicht von immerhin 15,22 Euro für den Suchbegriff »Rohr verstopft« bis nur noch 0,05 Euro für den Begriff »Bauklempnerei«.

Wichtig: Der Vorschlag von Google für einen Klickpreis (CPC) ist ein *Vorschlag*. Je nach Ihrer Strategie macht der Preis für Sie Sinn oder eben nicht. Er ist auf die Klickmaximierung ausgelegt. Allerdings gehen die Kosten damit steil in die Höhe. Wir bieten oft nur 30 bis 50 Prozent der vorgeschlagenen Preise und erhalten preiswertere Klicks.

Allein schon, wenn Sie sich mit den Daten und vor allem mit den Keyword-Ideen beschäftigen, bekommen Sie schnell einen ersten Überblick über den Werbemarkt für diesen Suchbegriff: Wie viele durchschnittliche Suchen zu welchem Preis bei wie viel Wettbewerb finden statt?

Im Keyword-Planer können Sie auch die Liste aller Keywords über den Button *Herunterladen* als Excel- oder CSV-Datei auf Ihren Rechner laden und eine intensivere Auswertung machen.

Markieren Sie in der Tabelle alle Suchbegriffe, die Sie für interessant halten. Das sind die Suchbegriffe, von denen Sie glauben, dass Kunden, die etwas kaufen wollen, sie entsprechend eingeben würden.

Negative Suchbegriffe

Markieren Sie sich in einer anderen Farbe alle Suchbegriffe, die Ihnen Google vorschlägt, deren Eingabe *nicht* Ihre Anzeige auslösen soll. Das werden später Ihre *negativen Keywords* – die Suchbegriffe, die verhindern, dass Ihre Anzeige geschaltet wird.

In der Liste, die wir von Google als Ideensammlung für den Begriff »Klempner« heruntergeladen haben, steht zum Beispiel der Suchbegriff »Meisterprüfung Heizung Sanitär«. Wahrscheinlich hat der Computeralgorithmus alle Suchen mit Heizung und Sanitär in einen Topf geworfen, und damit kommt dieser Suchbegriff theoretisch auch infrage. Wenn Sie den Begriff »Meisterprüfung« als negatives Keyword in Ihre Liste mit aufnehmen, wird Ihre Anzeige bei der Suche später nicht angezeigt.

Auch wenn es Ihnen vielleicht unlogisch erscheint, dass jemand im Internet den Suchbegriff »Meisterprüfung Heizung Sanitär« eingibt und dann auf eine Anzeige klickt, die zum Beispiel eine Rohrreinigung verspricht – wir können Ihnen garantieren, dass es die unwahrscheinlichsten realen Suchen gibt. Deswegen macht es auch Sinn, alle schon vorher zu definierenden Ausschlusskriterien zu verwenden. Bei der Recherche für diesen Suchbegriff findet man auch Suchbegriffe, die definitiv nicht zum Thema passen. Oder andersherum: Sie passen zum Thema, aber der Werbende möchte für diese sicherlich keine Klickkosten investieren. Würden Sie beim Suchbegriff »Klempner« auf die Idee kommen, dass es einen Song von dem Liedermacher Reinhard Mey mit dem Titel »Ich bin Klempner von Beruf« gibt, dessen Suche manchmal auch Anzeigen von Sanitärnotdiensten anzeigt?

Bei den teilweise hohen Klickkosten in Google AdWords für Suchbegriffe aus dem Bereich Klempner/Sanitär macht es auf jeden Fall Sinn, diesen Begriff auszuschließen.

Die dritte und letzte Frage ist: Wie viele Wettbewerber schalten Anzeigen zu demselben Suchbegriff/Keyword?

Sie sehen diese in der Google-Übersicht mit der Überschrift *Wettbewerb* – dort steht aber nur *niedrig, mittel* oder *hoch*.

Wenn Sie es genauer wissen wollen, können Sie für den Suchbegriff auch eine Eingabe bei Google in der Suchmaschine machen und am Anfang und Ende der Ergebnisseite die Anzeigen zählen und sich die Anbieter notieren. Wenn Sie zu einem Suchbegriff 15 Anzeigen oder weniger angezeigt bekommen, bevor die erste Anzeige wieder auftaucht, dann ist wenig Wettbewerb vorhanden. Sind es mehr als 50 Anzeigen, dann ist dies ein sehr wettbewerbsintensives Feld. Sie werden dann jeden Trick und Kniff benötigen, damit Sie nicht zu viel für die Klicks bezahlen.

Nicht alles in einen Topf werfen

Beim Erstellen von so genannten AdWords-Kampagnen ist es wichtig, dass man einer Struktur folgt, und nicht, wie es viele zu Beginn bei Google AdWords machen, alle Suchbegriffe und alle Kampagnentypen in einen Topf wirft.

In einem Google-AdWords-Konto werden Ihnen so genannte »Kampagnen« angezeigt. So nennt Google den Vorgang der Anzeigenschaltung. Sie legen also eine Kampagne an. Unter den Kampagnen haben Sie Anzeigengruppen. Unter den Anzeigengruppen stecken die Anzeigentexte und die Suchbegriffe. Diese Struktur ist immer gleich. Ganz gleich, ob Sie eine einzelne Anzeige erstellen wollen oder Tausende von Anzeigen mit Hunderttausenden von Suchbegriffen.

1. **Google-AdWords-Konto:** Das ist die oberste Ebene. Sie können die Kampagnen unterhalb dieser Ebene anlegen.
2. **Kampagnen:** Hier können Sie alle globalen Einstellungen für eine Kampagne vornehmen. Die Auswahl der Werbenetzwerke, Standorte und Budgets.
3. **Anzeigengruppen:** Pro Anzeigengruppe legen Sie die CPC- (Cost per Click)-Gebote für die nachfolgenden Textanzeigen fest, die sich innerhalb der gleichen Anzeigengruppe befinden.
4. **Textanzeigen:** In jeder Anzeigengruppe benötigen Sie mindestens eine Textanzeige. Wir empfehlen Ihnen, immer eine zweite Anzeige im Wettbewerb laufen zu haben.
5. **Suchbegriffe/Keywords:** Hier erscheinen die Suchbegriffe, Suchphrasen und Kombinationen. Sie können in der Feinabstimmung für die einzelnen Suchbegriffe die pauschalen Gebote auch individuell pro Suchbegriff anpassen.

Gibt es Grenzen bei der Zahl der einzelnen Unterpunkte je Konto? Ja, ein Google-AdWords-Konto kann beinhalten:

➤ 10 000 Kampagnen
➤ Jede Kampagne bis zu 20 000 Anzeigengruppen
➤ Jede Anzeigengruppe kann bis zu 20 000 Keywords, Placements oder Zielgruppen enthalten
➤ In jeder Anzeigengruppe sind jeweils bis zu 300 Anzeigen möglich

Je besser Sie vorher die Struktur definieren, desto einfacher wird es später, die Kampagnen zu verwalten und zu optimieren. Der Aufwand, den Sie vorher in das Nachdenken und die Struktur Ihrer Kampagnen stecken, erspart Ihnen später erheblich Zeit und Geld bei der weiteren Nutzung von Google AdWords.

Automatik oder Schaltung?

Google liefert Ihnen beim AdWords-Programm auf Wunsch die perfekte Automatik. Sie können AdWords Express benutzen und müssen fast nichts einstellen. Sie können auch innerhalb von Google AdWords viele Einstellungen von den Google-Algorithmen vornehmen lassen. Die Google-Ingenieure verblüffen uns seit dem Jahr 2000 mit stetigen Innovationen bei Google-AdWords-Funktionen.

Sie können die Gebote auch vom System automatisch optimieren lassen und Sie können die Orte (Displaynetzwerk, YouTube et cetera), wo Ihre Werbung erscheint, ebenfalls in die Hände von Google geben.

Es gibt sehr viele Möglichkeiten, Google AdWords auf Autopilot zu fahren. Die dahinterliegenden Softwareprogramme arbeiten verblüffend genau. Es ist eine der beeindruckendsten Werbeplattformen für Onlinewerbung, die nahezu jeder für sich nutzen kann. In sehr kurzer Zeit und mit nahezu keiner Vorbildung.

Und doch raten wir Ihnen davon ab, sich auf die Google-Automatik zu verlassen. Aus zwei Gründen: *Verständnis* und *Kosten*.

Verständnis: Google AdWords auf Autopilot zu fahren ist genauso, wie wenn Sie heute eine modernde digitale Spiegelreflexkamera im Automatikmodus benutzen. Die Kamera macht »irgendetwas«, und die meiste Zeit bekommen Sie durchschnittliche bis gute Ergebnisse, aber die meisten Fotografen, die ihre Kamera nur im Automatikmodus verwenden, wissen nicht, *warum* sie die Ergebnisse erhalten, die sie erhalten. Warum ist das Bild zu dunkel? Warum ist die Schärfentiefe so, wie sie die Kamera im Automatikmodus erzeugt hat? Warum blitzt die Kamera bei strahlendem Sonnenschein im Freien? Oder beim Besuch im Fußballstadion? Keine Ahnung …

Wenn Sie aber außerordentliche Ergebnisse erreichen wollen oder sogar haben müssen, weil Sie im harten Wettbewerb stehen und die Kamera im Automatikmodus nicht das Bild erzeugt, das Sie haben wollen, dann wissen die Profifotografen, was sie bei der Kamera individuell einstellen müssen, um genau die Ergebnisse zu erhalten, die sie benötigen. Deshalb beschäftigt sich der Profifotograf mit den Einstellungen seiner Kamera und versteht, welche Einstellung was bewirkt und wie die Wechselwirkungen zwischen den verschiedenen Einstellungen sind, und kann damit unter nahezu allen Bedingungen die Ergebnisse erzielen, die er braucht.

Genauso erhalten Sie bessere Ergebnisse, wenn Sie die Details und Zusammenhänge bei Google AdWords verstehen.

Der zweite Grund sind die *Kosten*. Wenn Sie einen Schaltwagen vernünftig fahren und im Vergleich dazu dann ein Auto mit Automatik, war der Unterschied in der Vergangenheit immer, dass der Automatikwagen im Mittel etwas mehr verbraucht hat. Nicht viel. Vielleicht zehn Prozent, aber ein Automatikwagen war im Vergleich zum Schaltwagen[5] erstens ein wenig teurer in der Anschaffung und zweitens auch einen Hauch teurer in Bezug auf die Kraftstoffkosten.

Google AdWords ist eine tolle Werbeplattform, jedoch führen einige der Vorschläge, die die automatischen Algorithmen von Google erzeugen, in vielen Fällen zu höheren Kosten. Es ist einfacher, aber dafür auch teurer.

Ein Beispiel: Regelmäßig bekommen Sie neue Vorschläge zu zusätzlichen Keywords. Wow! Google hat wieder 62 neue Keywords für Sie entdeckt. Viele Nutzer, die Google AdWords alleine verwenden (keine Agentur und kein AdWords-Spezialist hilft dabei), nehmen diese Vorschläge gerne an und es funktioniert: mehr Klicks. Aber auch: mehr Kosten. Und meistens: schlechtere Effizienz. Ein-

---

[5] Ja, wir wissen, dass sich das gerade ändert und es heute auch Automatikfahrzeuge gibt, die man manuell nicht sparsamer fahren könnte.

zelne Anzeigengruppen mit zum Teil Hunderten von Keywords. Die wiederum die Klickrate (CTR = Click-Through-Rate) negativ beeinflussen. Und den Qualitätsfaktor.

Auch bei den Gebotsempfehlungen gibt es Angebote: Automatische Gebotsempfehlungen bei Google AdWords für einzelne Keywords! Bieten Sie doch mehr, dann bekommen Sie mehr Klicks. Gute Idee? Kommt darauf an, aber meistens führt auch das zu mehr Klicks und zu schlechterer Wirksamkeit der Werbeausgaben zum Marketingziel, weil die Kosten pro Klick steigen.

Vielleicht sind wir ja auch deswegen skeptisch, weil wir noch nie eine Gebotsempfehlung gesehen haben, die ein *niedrigeres* Gebot für ein Keyword vorschlägt, und weil wir vermuten, dass immer auch mehrere Google-AdWords-Kunden diese Empfehlung bekommen. Sie sollten das Gebot erhöhen. Der andere Kunde bekommt dann ebenfalls den Hinweis: Ihr Gebot müsste erhöht werden …

Ein Schelm, wer Böses dabei denkt. Aber warum sollte Google auch einen Algorithmus schreiben, der die Kosten eines Anzeigenkunden senkt?

Andererseits beweist Google immer wieder aufs Neue, dass es den kurzfristigen Erfolg hintenanstellt und die richtigen Sachen belohnt. Nicht der höchste Bieter bekommt den besten Platz bei der Anzeigenauflistung, sondern der relevanteste.

Es wäre also eine Sünde, wenn man Google AdWords nicht für sein Unternehmen ausprobieren würde. Aber es wäre auch eine Sünde, zu viel Geld auszugeben. Deswegen führen wir Sie auf den kommenden Seiten in die Tiefen der Einstellungen von Kampagnen und anderen Optionen.

Schritt 1: Kampagneneinstellungen

Um die Erstellung einer Kampagne nachvollziehen zu können, folgen Sie uns einfach beim Anlegen einer neuen Kampagne für unser Vertriebstraining »Neukundengewinnung per Telefon«. Wir legen dafür eine Kampagne komplett neu an und Sie können die einzelnen Arbeitsschritte leichter nachverfolgen.

Der Ablauf beim Punkt *Kampagneneinstellungen auswählen* ist wie folgt:

1. Kampagnennamen eingeben
2. Den Kampagnentyp einstellen (wo soll man die Werbung sehen?)
3. Die Geräte auswählen, auf denen der Kunde die Anzeigen später sehen soll (Desktop, Mobil et cetera)
4. Standorte und Sprachen festlegen
5. Gebote für den Klick und das Budget festlegen
6. Anzeigenerweiterungen festlegen

Kampagnenname: Zuerst geben wir den Namen ein, der uns später daran erinnert, worum es bei dieser Anzeigenkampagne ging. In unserem Fall »Seminar: Neukunden per Telefon«.

Kampagnentyp: Danach haben wir die Wahl des Kampagnentyps. Google hat hier eine Menge Auswahl: *Suchnetzwerk + Displaynetzwerk, Nur Suchnetzwerk, Nur Displaynetzwerk, Shopping, Onlinevideo* (YouTube) und *Universelle App-Kampagne*.

Damit der Abschnitt im Buch nicht komplett unübersichtlich wird und weil die meisten zuerst sowieso die einfachste Form einer Anzeige erstellen wollen, beschränken wir uns zuerst auf die Anzeigeform *Nur Suchnetzwerk*. Das Suchnetzwerk beschränkt sich dabei auf aktive Suchen, die ein Google-Nutzer eingibt.

Wir wollen in diesem Fall keine Anzeigen im Displaynetzwerk schalten, weil wir das öffentliche Seminar nur immer vier Wochen vor Veranstaltungsbeginn bewerben. Anzeigen im Suchnetzwerk sind in den meisten Fällen relevanter als Anzeigen im Displaynetzwerk.

Wer bei Google sucht, will wahrscheinlich etwas Konkretes finden. Die Anzeigen sind also relevanter als Displayanzeigen, die Inhalte anzeigen und damit die Anzeige wie eine normale Werbung wirken lassen.

Wenn das Budget eingeschränkt oder eher klein ist, dann raten wir immer zuerst dazu, das Suchnetzwerk auszuschöpfen, bevor man das Displaynetzwerk nutzt.

Hier lauert auch die erste Falle beim Erstellen einer Kampagne. Wenn Sie eine Kampagne anlegen, dann wählt Google rechts neben *Typ* automatisch das Feld *Standard* aus. Damit bekommen Sie eine Kampagne, die sich nur begrenzt optimieren lässt.

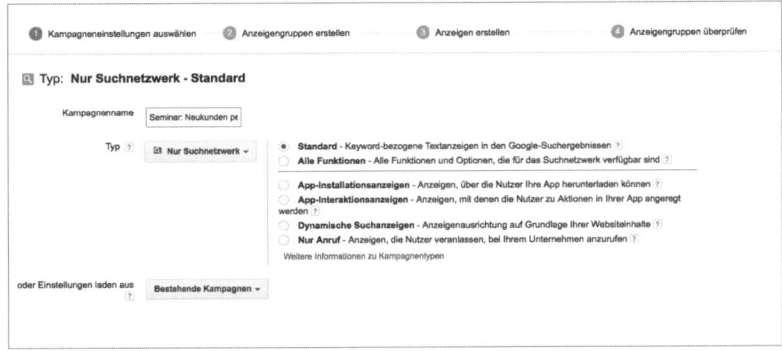

Eingabe des Kampagnennamens und Auswahl des Kampagnentyps

Hier eine Auflistung der *fehlenden Funktionen* im Standardmodus:

> **Erweiterte Standort-Optionen**, zum Beispiel um Nutzer an anderen Standorten, die Angebote in meiner Region betrachten, gezielt zu bewerben
> **Shopping lokal** zur Bewerbung von Produkten, die im lokalen Einzelhandel gekauft werden sollen
> **Schaltungsmethode:** Es besteht nicht die Möglichkeit, die Anzeigen im sogenannten beschleunigten Modus auszuliefern. Sie werden über den ganzen Tag gleichmäßig verteilt geschaltet. Das ist aber nur bei großen Werbebudgets sinnvoll.
> **Anzeigenerweiterungen:** Wertvolle Erweiterungen wie zum Beispiel Anruf, Call-out, App und Bewertungen stehen dann nicht zur Verfügung.

➤ **Werbezeiten:** Es ist nicht möglich, einen Werbezeitenplan (zum Beispiel nur zu Geschäftszeiten oder nicht am Wochenende) zu erstellen. Oder nur tagsüber. Oder nur in der Nacht Anzeigen zu schalten.

➤ **Anzeigenrotation:** Sind zwei Anzeigen in einer Anzeigengruppe, dann wird bei der Standardeinstellung die Anzeige häufiger ausgeliefert, die die bessere Klickrate hat. Kein Splittest möglich.

➤ **Dynamische Suchanzeigen,** um den Inhalt der eigenen Website automatisch für Suchanzeigen zu nutzen

Wählen Sie daher unbedingt den zweiten Punkt *Alle Funktionen* bei der Erstellung der Kampagne aus:

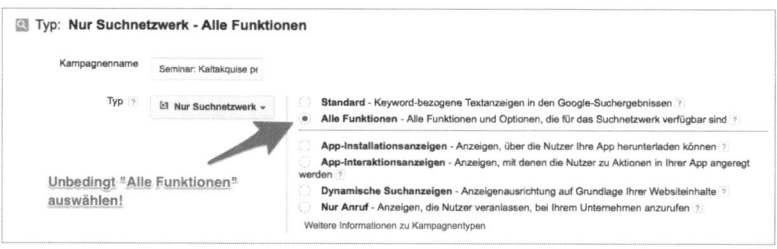

Wichtige erste Auswahl: Alle Funktionen

Nur mit dieser Auswahl können Sie unter anderem die Anzeigenrotation für einen Splittest nutzen, wenn Sie Ihre Anzeigen später optimieren wollen. Wenn Sie das vergessen sollten, dann können Sie es später unter den Einstellungen nachträglich verändern.

Sie finden in der Google-AdWords-Benutzeroberfläche an den kleinen Rechtecken mit den Fragezeichen im gesamten System Hilfestellung und weiterführende Informationen, die den jeweiligen Punkt ausführlicher erläutern.

Der nächste Punkt, der zur Auswahl steht, ist die Frage nach dem Ausweiten des Suchnetzwerkes auf Partnerdienste (*Suchnetzwerk-Partner einbeziehen*), die ebenfalls eine Suche anbieten. Das sind in Deutschland zum Beispiel Webseiten wie www.aol.de (die gibt es wirklich noch) oder die Seite von T-Online.de, die ebenfalls die Suchergebnisse und Anzeigen von Google AdWords anzeigt. Aber im Partner-Suchnetzwerk sind auch die Google-eigenen Dienste enthalten, wie Google Maps, Google Shopping, Google Bilder und so weiter.

All diese Optionen erhöhen die Reichweite, aber meistens sinkt die Effizienz (Qualität) des Besucherstroms, weswegen ich auch hier den Haken erst einmal *wegnehme*.

Suchnetzwerk-Partner: Soll Ihre Anzeige auch in anderen Suchmaschinen erscheinen? Wir würden den Haken erst mal wegnehmen.

Der dritte Punkt ist *Gerätetyp festlegen*. Früher konnte man bereits auf Kampagnenebene die Anzeigen auf die Geräteklasse ausrichten (Desktop/Laptop und/oder Tablet und/oder Smartphone). Wenn Sie dort Einschränkungen vornehmen wollen, dann müssen Sie das später in den Anzeigeneinstellungen vornehmen. Warum ist das wichtig? Wenn Sie Produkte bewerben, die sich auf Ihrer Website nicht optimal über das Smartphone bestellen lassen, dann können Sie Google AdWords für Smartphones ein niedrigeres Gebot erteilen (zum Beispiel 50 Prozent weniger als bei Desktop- oder Tablet-Nutzer).

Standorte festlegen: Hier legen Sie das Gebiet fest, in dem die Anzeigen erscheinen sollen. Der erste Punkt, *Alle Länder und Gebiete*, macht für die meisten Werbetreibenden keinen Sinn. Und selbst wenn Sie wirklich überall auf dem Planeten werben wollten, würde die Aufteilung nach Regionen und Ländern in einzelnen Kampagnen sicherlich mehr Sinn machen, weil Sie dann bessere Optimierungsmöglichkeiten haben.

Wenn Sie also deutschlandweit anbieten, ist der zweite Punkt *Deutschland* sicherlich der richtige. Wenn Sie die Anzeigen zum Beispiel nur für München schalten wollen, klicken Sie den dritten Punkt *Ich möchte selbst auswählen* an. Dort haben Sie dann verschiedene

Wahlmöglichkeiten. Unter dem Punkt *Erweiterte Suche* können Sie das Stadtgebiet oder einen Umkreis um den Standort herum angeben. Sie können das Gebiet entsprechend mit anderen Orten erweitern und auch Regionen ausschließen, zum Beispiel das komplette Bundesland Bayern ohne München. Oder Sie geben Postleitzahlen ein und so weiter. Der Auswahl und Kreativität bei dem zu bewerbenden Gebiet sind keine Grenzen gesetzt.

Standorte festlegen: Hier legen Sie das Gebiet fest,
in dem die Anzeigen erscheinen sollen.

Sprache festlegen: Sobald Sie das Gebiet festgelegt haben, macht Ihnen Google einen ersten Vorschlag zur Sprache. In unserem Fall findet das Seminar in deutscher Sprache statt und wir wollen daher die Anzeigen unter der Sprache *Deutsch* erscheinen lassen.

Um zu ermitteln, welche Sprache die richtige für den Suchenden ist, verwendet Google nicht nur die Spracheinstellungen des Browsers bei der Google-Suche, Google Mail et cetera, sondern auch die Sprachen der häufig besuchten Websites, die im Google-Displaynetzwerk sind. Ebenso analysiert Google die Sprache des Suchtextes. Aus all dem versucht Google zu ermitteln, welche Sprache(n) der Besucher spricht, und zeigt entsprechend der Einstellungen die Anzeigen an.

Auch hier können wir komplexeste Situationen abbilden (zum Beispiel »türkische Einwanderer, die in Deutschland leben und türkische Spracheinstellungen in der Google-Suche verwenden, in

Deutschland eine Suche aufrufen und in deutscher Sprache suchen und sehr gut Deutsch verstehen ... «), indem wir bei den Sprachen zusätzlich Türkisch neben der deutschen Sprache wählen. Auch in diesem Fall nehmen wir in unserer Kampagne zunächst den einfachen Fall und wählen als Sprache Deutsch.

Gebote festlegen: Der nächste Punkt betrifft die Festlegung der Kosten pro Klick (CPC) und das Tagesbudget, welches Sie bereit sind für die Anzeigen bei Google auszugeben. Den Tagespreis ermitteln Sie am einfachsten, indem Sie Ihr monatliches Budget durch 30,4 teilen und diesen Betrag bei *Budget pro Tag* eintragen.

Gebote und Budgetfestlegung

Unsere Empfehlung ist, immer zuerst die Option *manuelle CPC* auszuwählen. Dadurch haben Sie die beste Kontrolle über die Ausgaben und verlassen sich nicht auf einen Algorithmus von Google, der Ihr Geld ausgibt.

Nehmen wir einmal an, dass wir bereit sind, im Monat rund 300 Euro für das Bewerben des Seminars auszugeben, dann würden wir bei Budget »zehn Euro« eintragen und bei Standardgebot etwas zwischen 0,65 Euro und 0,97 Euro. Wie kommen wir auf diese Zahlen? Wir benutzen unter → *Tools* das schon bekannte Werkzeug *Keyword-Planer*. Dort benutzen wir nun den Punkt *Budget planen und Prognosen abrufen*. Als Beispiel nehmen wir das Keyword »Kaltakquise« und stellen die Parameter wie bei der Kampagne ein (Ausrichtung: Deutschland/

Deutsch/Google). Als Prognosezeitraum nehmen wir wieder einen Monat vor dem Seminar, das wir im September 2016 abhalten wollen, und stellen deswegen den Zeitraum auf August 2016 ein.

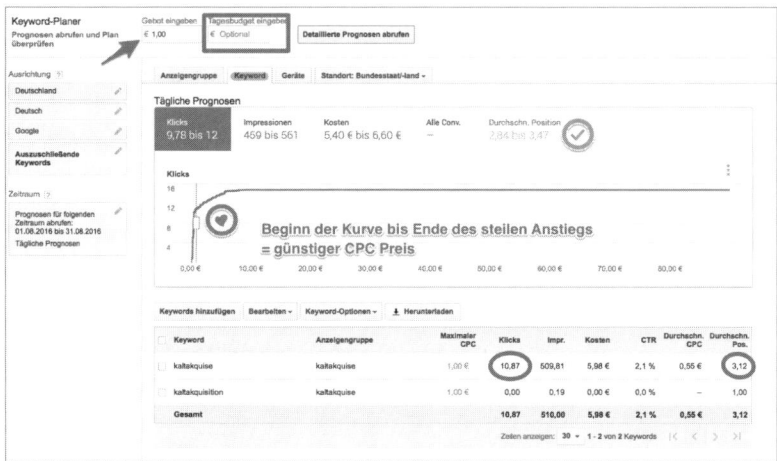

Budget planen und Prognosen abrufen mit dem Keyword-Planer

In diesem Tool gibt es eine Menge zu entdecken. Im oberen Bereich geben Sie das maximale CPC-Gebot ein. In dem Fall einen Euro. Das Tagesbudget lassen Sie bewusst erst einmal offen, dann zeigt Ihnen Google den gesamten Verlauf von Klicks/die Klickanzahl und ein maximales Gebot laut Prognose. Es gibt einen starken Anstieg bei circa 0,60 Euro und ab spätestens sechs Euro flacht die Kurve ab. Alle Gebote danach führen in diesem Fall kaum zu einer höheren Klickzahl.

Sie können jetzt in diesem Tool mit Ihrem Gebot experimentieren. Wenn Sie einen Euro bieten, bekommen Sie 10,87 Klicks. Gesamtkosten 5,98 Euro. Pro Klick 0,55 Euro.

Wenn Sie nun sechs Euro pro Klick bieten, dann erzielen Sie mehr Klicks (circa 14,45 im Schnitt), aber bezahlen ein Mehrfaches. Im besten Fall 15,9 Klicks bei sechs Euro Gebot statt 9,78 Klicks bei einem Euro Gebot. Das sind rund 63 Prozent mehr Klicks bei 820 Prozent mehr an Kosten.

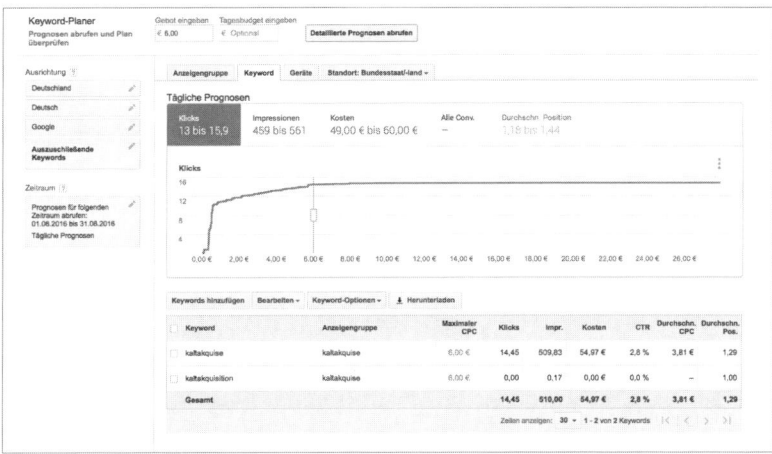

Die Auswirkung des Gebotspreises auf die Positionierung
der Anzeige, die Kosten und die möglichen Klicks

Natürlich gibt es einen weiteren Unterschied: Beim preiswerten Gebot von einem Euro bekommen Sie im Schnitt die Position 3,12 bei der Auflistung Ihrer Anzeige bei den Suchergebnissen im Vergleich zu Position 1,29 bei sechs Euro Gebot. Das bedeutet, dass die preiswerte Anzeige manchmal auf Position zwei, drei, vier oder fünf landet (erste Seite, aber manchmal auch unten auf der Suchergebnisseite) und die teurere Anzeige fast immer auf der ersten Position und nur sehr selten auf der zweiten Position (ebenfalls auf der ersten Seite). Nutzen Sie dieses Tool, um ein Gefühl für die Auswirkung des Gebotspreises auf die Positionierung der Anzeige, die Kosten und die möglichen Klicks zu erhalten.

Neben der Ermittlung der maximalen Kosten, die uns ein Besucher kosten darf, ist die Suche nach dem maximalen Nutzen bei minimalem Aufwand mehr als lohnend. Wir bieten bei einem Euro weniger als 20 Prozent und erhalten in dem Fall 80 Prozent der Ergebnisse an Klicks. Das Pareto-Prinzip in Reinkultur!

Der letzte Punkt sind die *Anzeigenerweiterungen* bei der Kampagneneinstellung. Dies sind sehr wirkungsvolle Ergänzungen der Anzeige um zusätzliche Informationen, Nutzerbewertungen, Telefonnummern, andere Produktkategorien und so weiter.

Bei unserer ersten Kampagne überspringen wir diesen Teil der Anzeigenerweiterungen, aber er ist nicht vergessen. Sie sollten später auf jeden Fall auf die Erweiterungen zurückkommen, wenn Sie die Struktur der Anzeigen und der entsprechenden Landeseiten angelegt haben.

Danach drücken Sie *Speichern und fortfahren.*

Schritt 2: Anzeigengruppen erstellen

Die Kampagne bearbeitet ein Hauptthema. Die Anzeigengruppen sind unsere Unterthemen. Bei unserem Beispiel »Kaltakquise-Seminare« haben wir folgende Themen:

1. **Seminarinteressierte** – wertvollste Gruppe, weil mögliche Kandidaten für eine Seminarteilnahme (potenzielle Käufer)
2. Andere **am Thema Kaltakquise interessierte Besucher** (müssen eventuell Kaltakquise machen, aber sind noch nicht so weit, an einem Seminar teilzunehmen). Diese suchen unter anderem nach folgenden Themen:
   - Rechtliche Fragen zur Kaltakquise
   - Wie man einen Gesprächsleitfaden erstellt

Bei möglichen Seminarteilnehmern ist die Bereitschaft natürlich größer, einen höheren CPC-Preis zu akzeptieren, als wenn es um potenzielle Interessenten für das Hören des Podcasts oder Leser von Blogartikeln geht. Und nun gehen Sie so vor:

1. Anzeigengruppennamen eingeben: *Seminar Kaltakquise*
2. Die erste Anzeige texten:
   Kaltakquise tut weh, wenn man es nicht kann – lernen Sie im Seminar, wie man B2B-Termine macht: http:// guerrilla.de/kaltakquise (Anzeige URL), http:// guerrilla.de/portfolio-view/die-kunst-der-kaltakquise/(Finale URL)

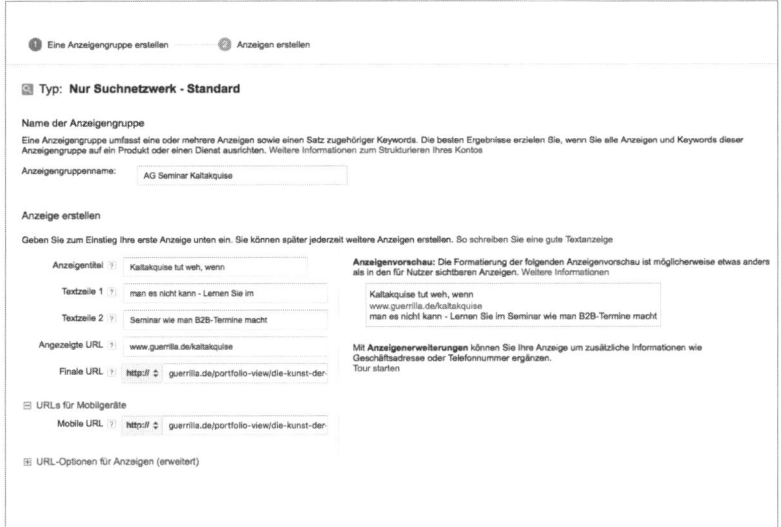

Einrichten der Anzeigengruppe und das Texten einer ersten Anzeige

Im nächsten Schritt geben wir die Suchbegriffe ein, zu denen wir die Anzeige geschaltet haben wollen.

Sobald wir Keywords eingeben, die unserer Meinung nach sinnvoll sind, können wir die erste Anzeigengruppe und mit ihr die erste Anzeige mit Keywords speichern.

Google überprüft die Anzeige und meistens erscheint nach ein paar Minuten die Angabe *aktiv*. Sollte es einen Grund zur Beanstandung geben, erscheint neben der Anzeige ein Hinweis, der Ihnen erklärt, weswegen die Anzeige nicht geschaltet werden kann.

Einer der häufigsten Gründe für die Ablehnung ist die Eingabe von Sonderzeichen. Sind zum Beispiel in der Anzeige ein oder mehrere Ausrufezeichen im Text? In dem Fall bekommen Sie eine Ablehnung. Dann klicken Sie auf die Sprechblase der betroffenen Anzeige, lesen den Hinweis und bearbeiten danach die angemerkten Zeilen. Nach der erneuten Speicherung der geänderten Anzeige erscheint wieder die Anmerkung *wird überprüft* und nach der Freigabe erscheint, wenn alles richtig ist, *aktiv*.

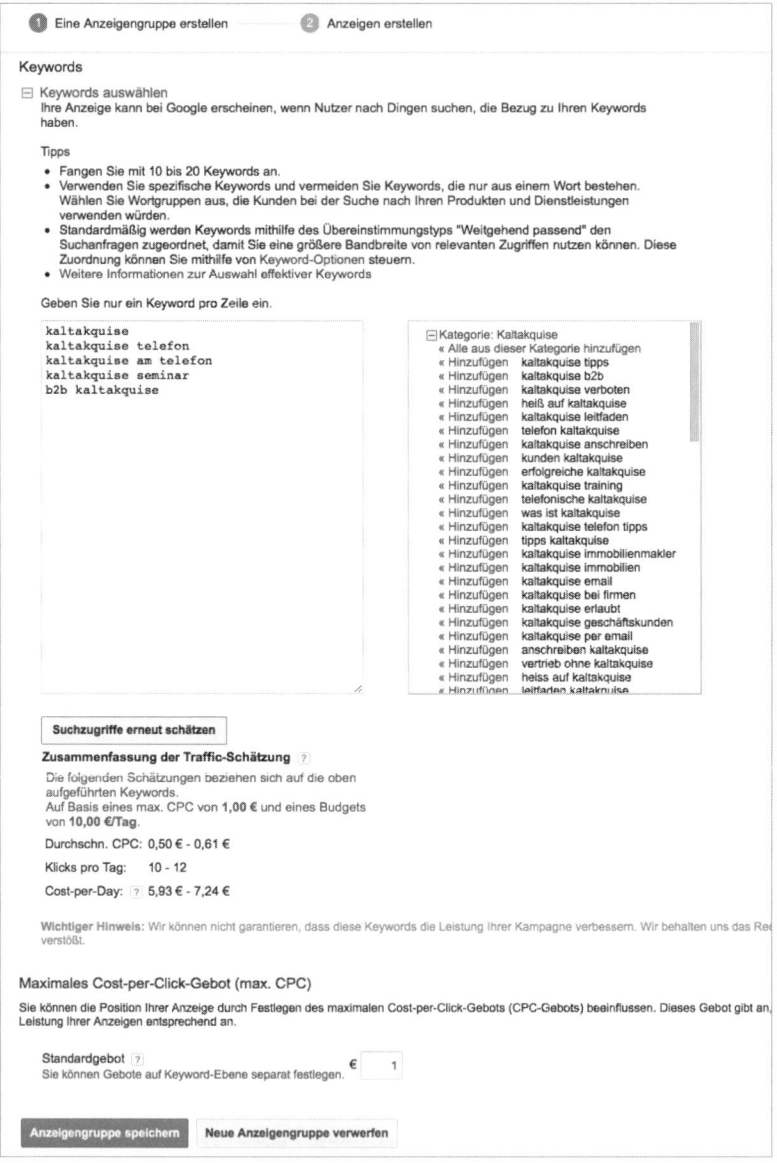

Suchbegriffe beziehungsweise Keywords eingeben und speichern

Sonderfall Gesundheit, Medizin und medizinnahe Produkte

Wenn Sie Produkte bewerben wollen wie Medikamente, ärztliche Leistungen oder auch nur Ihre Onlineapotheke, gibt es Einschränkungen bei Google AdWords. Hier ein kleiner Ausschnitt direkt von der Google-Richtlinienseite:

Aus den Google-Richtlinien

»Für die folgenden gesundheitsbezogenen Inhalte bestehen bei Google Einschränkungen in Bezug auf Werbung:

- Rezeptfreie Arzneimittel

- Verschreibungspflichtige Arzneimittel sowie Informationen zu verschreibungspflichtigen Arzneimitteln

- Apotheken und Onlineapotheken

- Produkte und Dienstleistungen in Zusammenhang mit Schwangerschaft und Fruchtbarkeit

- Medizinische Dienste und Verfahren

- Anwerbung von Teilnehmern für klinische Studien

- Behandlungen zur Steigerung der sexuellen Leistungsfähigkeit

Die für diese Inhalte geltenden Einschränkungen variieren je nach den beworbenen Produkten oder Dienstleistungen sowie nach den Ländern, auf die Ihre Anzeigen ausgerichtet sind. Für einige Inhalte wie nicht freigegebene Substanzen darf in keinem Land geworben werden.

Je nach beworbenen Inhalten und den Ländern, in denen die Anzeigen geschaltet werden, muss vor der Schaltung von Werbung für gesundheitsbezogene Inhalte unter Umständen bei Google eine Vorabgenehmigung beantragt werden ...«

Die kompletten Richtlinien können Sie am einfachsten mit der Google-Suche nach »Google AdWords Werberichtlinien« finden.
    Warum ist das wichtig?

Manchmal werden Anzeigen auch abgelehnt, weil der Algorithmus, der die eingestellten Anzeigen bewertet, Ihre Anzeigen versehentlich in die Kategorie »Gesundheit und Medizin« einordnet.

Wir haben zum Beispiel einen Kunden, der als Unternehmensberater Ärzte, Zahnärzte und Apotheker berät. Für einen anderen Kunden haben wir das Werbeprogramm für Vorbereitungskurse angehender Medizinstudenten bei Google AdWords betreut. Bei beiden mussten wir regelmäßig in den Google-AdWords-Kampagnen die manuelle Überprüfung nach Einstellen der Anzeigen beantragen, obwohl es sich ja bei einer Beratungsleistung für Ärzte nicht um ein Medizinprodukt handelt und bei einem Trainingsprogramm für angehende Medizinstudenten nicht um ein Gesundheitsprodukt.

Diese manuelle Überprüfung wird – soweit wir das sagen können – von einem Menschen durchgeführt und ist im Vergleich zu den automatischen Genehmigungen natürlich sehr viel langsamer, als wenn es der Algorithmus automatisch macht. Besonders anstrengend ist es deswegen, weil auch kleinste Änderungen beim Anzeigentext (Tippfehler et cetera) immer sofort eine erneute Prüfung auslösen. Im Bereich Gesundheitswesen kann es daher manchmal ein bis drei Tage dauern, bis die Anzeigen geprüft worden sind.

Neben den Produkten aus Gesundheit und Medizin sind auch weitere Produkte und Dienstleistungen bei Google AdWords nicht erlaubt. Die komplette Auflistung finden Sie bei den Google-AdWords-Richtlinien auf der Google-Seite.

Klassische oder erweiterte Textanzeige?

Klassische Textanzeige

Die erste Textanzeige, die man hier erstellt, ist die bisherige »alte«, klassische Textanzeige. Diese besteht aus:

➤ 25 Zeichen Überschrift
➤ 35 Zeichen Textzeile 1

> ➤ 35 Zeichen Textzeile 2
> ➤ 35 Zeichen Pfad-URL (angezeigte URL)
> ➤ 1000 Zeichen finale URL (die Ziel-Webadresse für den
>   Besucher)

Nach dem Text kommen die Pfad-URL und die finale URL. Die
Pfad-URL ist die, welche der Suchende sieht. Idealerweise beinhaltet
sie den Suchbegriff. Sie ist in der Länge auf 35 Zeichen beschränkt.

In der Summe bleiben für die Werbebotschaft nur 95 Zeichen!
Sie werden beim Schreiben feststellen, wie wenig das ist. Außerdem
haben Sie bei Google AdWords in den Anzeigen grundsätzlich nur
höchstens die Zeichen pro Zeile. Wenn Sie bei der Textzeile 1 am
Ende ein Wort schreiben und dieses ist zu lang, können Sie es nur
auf die zweite Zeile verschieben. Google zeigt Ihnen beim Schreiben
an, wie viele Zeichen Sie pro Element bereits verbraucht haben. Auf
jeden Fall wird Ihnen viel Kreativität abverlangt, um einen brauch-
baren Text bei so begrenztem Platz unterzubringen.

Die zwei Anzeigentypen – erweiterte (1) und klassische (2) Textanzeige

Erweiterte Textanzeige

Die erweiterte Textanzeige ist neu seit Sommer 2016 und wird voraussichtlich ab Herbst die bisherigen klassischen Textanzeigen ablösen.

Was ist anders? Sie haben 50 Prozent mehr Platz! Sie haben jetzt zwei Zeilen für die Überschrift/Headline und eine Zeile für die Beschreibung:

- ➤ 30 Zeichen Überschrift 1
- ➤ 30 Zeichen Überschrift 2
- ➤ 80 Zeichen Textzeile 1
- ➤ 1000 Zeichen finale URL
- ➤ Pfad-URL – Ihre Domain aus der finalen URL (automatisch) und 2 × 15 Zeichen für Text

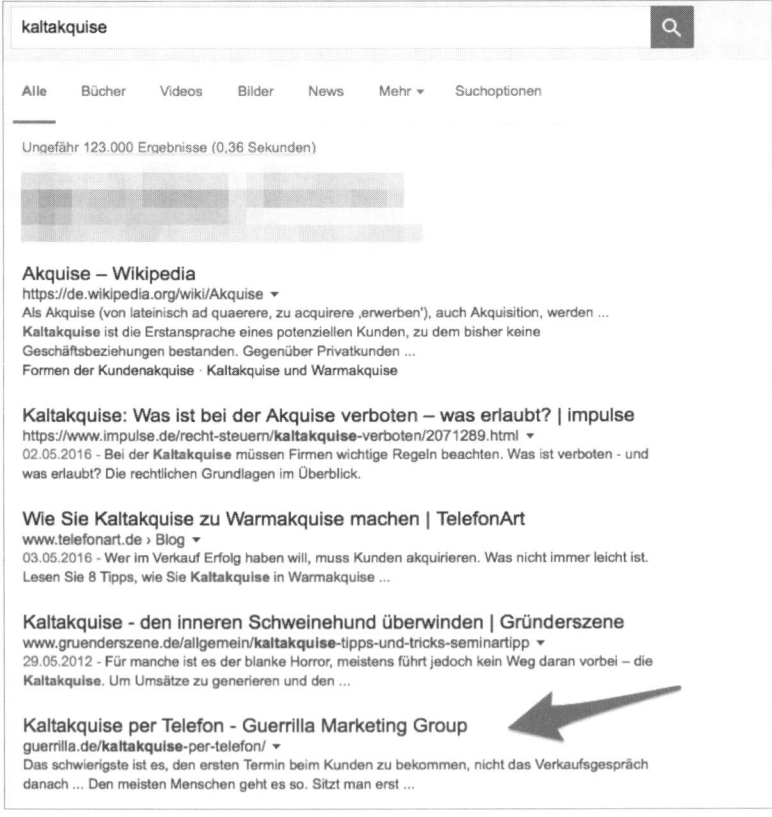

Die neuen erweiterten Textanzeigen sehen genauso aus wie Suchergebnisse.

Das sind immerhin 140 Zeichen für die Werbebotschaft. Irgendwann im Oktober 2016 werden das laut Google die einzigen Anzeigen sein, und die alten »klassischen Textanzeigen« können dann nach 15 Jahren in den Ruhestand gehen.

Wenn Sie die Abbildung der beiden Anzeigen miteinander vergleichen, dann erkennen Sie auch, dass bei den erweiterten Textanzeigen die sogenannte Pfad-URL (die der Suchende sieht) direkt unter der Überschrift angezeigt wird. Erst danach erscheint der Beschreibungstext. Anders bei den klassischen Anzeigen. Hier kommt erst die Headline, dann Beschreibungstext 1 und Beschreibungstext 2 und erst danach die Pfad-URL.

Damit sehen die neuen **erweiterten** Textanzeigen genauso aus wie einzelne organische Suchergebnis-Einträge bei einer Google-Suche.

Anzeigen im Wettbewerb zueinander laufen lassen

Wann immer Sie eine Anzeige erstellt haben, sollten Sie sofort für die gleichen Keywords immer eine zweite Variante schreiben. Im Direktmarketing hat man schon immer einen Splittest durchgeführt, um die beste Anzeige oder den besten Werbebrief zu ermitteln. Sie schreiben einen Werbebrief und versuchen, den bisherigen Gewinner mit einer neuen Version zu schlagen. Wenn Ihnen das gelingt, dann versuchen Sie wieder, eine neue Variante zu schreiben, und nach einer Weile werten Sie die Ergebnisse aus und so weiter und so fort.

Das, was sich seit Jahrzehnten beim Direktmarketing bewährt hat, können Sie plötzlich in wenigen Tagen innerhalb von Google AdWords selber ausprobieren. Sie schalten eine Anzeige, bekommen Feedback durch Klicks und sehen auf Ihrer Website die Reaktionen beziehungsweise die Response-Rate. Ein transparenter Marketingansatz wie niemals zuvor.

Dabei hat sich bewährt, nicht zu viele Änderungen auf einmal einzubauen und erst nach einer gewissen Zahl von Klicks die Auswertung erneut vorzunehmen. Ist die CTR (*Click Through Rate* = Klickrate) der beiden Anzeigen sehr nah beieinander (zum Beispiel

1,06 Prozent und 1,03 Prozent), dann empfehlen wir, mindestens 50 Klicks abzuwarten und dann wieder nachzuschauen.

Hier haben wir als Beispiel zwei Textanzeigen für unser Seminar Kaltakquise.

Kaltakquise Seminar
www.guerrilla.de
Lernen Sie alle Tricks, um mit den
Entscheidern Termine zu vereinbaren

Kaltakquise tut weh, wenn
www.guerrilla.de/kaltakquise
man es nicht kann! Lernen Sie im
Seminar wie man Termine macht

Welche Anzeige schneidet besser ab? Einigen von Ihnen werden sagen Anzeige 1, andere Anzeige 2. Aber mit Sicherheit wissen wir es erst, wenn wir zwei Anzeigen im Wettbewerb gegeneinander laufen lassen. In diesem Fall hier die Auswertung nach vier Wochen Laufzeit:

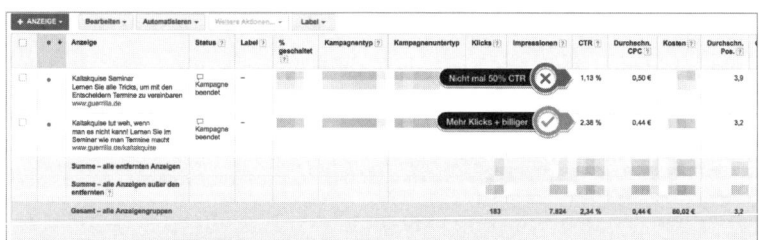

Auswertung der Anzeigenklicks nach vier Wochen

Anzeige 2 war doppelt so effektiv wie Anzeige 1. Außerdem waren die Klickkosten für die zweite Anzeige zwölf Prozent niedriger als für die erste Anzeige. Auch wenn 183 Klicks bei knapp 8 000 Impressionen nicht sehr viel zu sein scheint, liegt die statistische Signifikanz, dass die zweite Anzeige besser ist, bei 99 Prozent. Das heißt, bei 100 Anzeigenpaaren, die im Wettbewerb zueinander liegen, und nach einer ähnlichen Anzahl an Klicks, die diese CTR-Rate aufweisen, wird nach statistischer Berechnung in 99 Prozent aller Fälle die zweite Anzeige die bessere sein und nur einmal in 100 Fällen die erste.

Dann nehmen wir die zweite Anzeige als Gewinner und nehmen diese als Kontrollmuster. Die gilt es mit einer neuen Anzeige zu schlagen. Wenn Sie nichts weiter ändern außer dem Text der neuen Anzeige und auch keine neuen Keywords einfügen, keine Gebote ändern, keine Uhrzeiten et cetera, merken Sie nach kurzer Zeit, ob die neue Anzeige besser als diese Anzeige ist. Sind die jeweils kalkulierten Signifikanzen bei 95 Prozent oder besser, können wir davon ausgehen, dass wir eine bessere Anzeige gefunden haben.

Es gibt eine Unmenge an Tools, mit denen man einen Splittest auswerten kann. Eins der kostenlosen Berechnungsprogramme finden Sie bei einer Google-Suche zu »Split Test Calculator« oder auf der folgenden Website:

http://drpete.co/split-test-calculator

Hier geben wir die Zahlen der beiden Anzeigen entsprechend in die Felder ein:

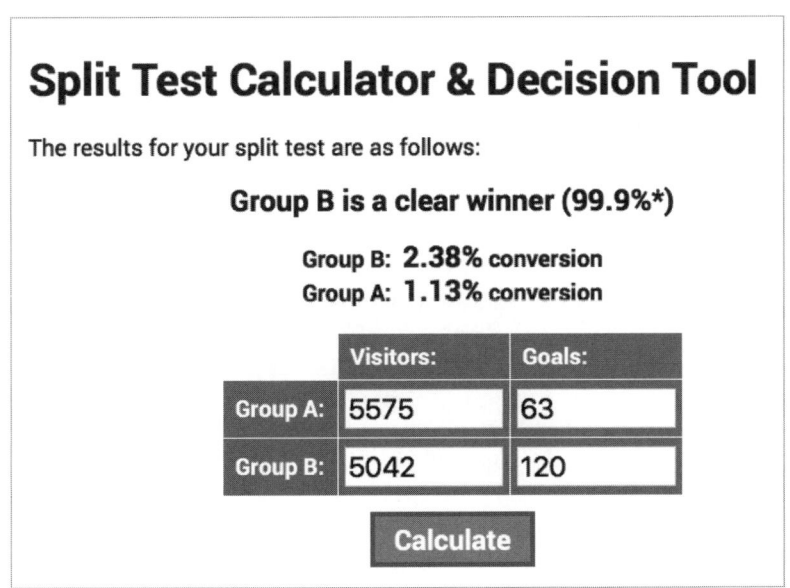

Der Split Test Calculator ist eines der kostenlosen Berechnungsprogramme, mit denen man einen Splittest auswerten kann.

Sie geben bei *Visitors* die Zahl der Impressionen ein und bei *Goals* die Zahl der Klicks. Dann errechnet das Tool den CTR-Wert (den wir ja schon kennen) und sagt uns, mit welcher statistischen Wahrscheinlichkeit die Anzeige 2 immer die bessere Anzeige sein wird. In unserem Fall mit 99,9 Prozent.

Wenn wir als Beispiel mal eine *identische Anzeige* gegeneinander laufen und die Zahlen danach durch den Splittest-Kalkulator berechnen lassen, zeigt die Signifikanz andere Daten als bei der Berechnung der zwei Anzeigen zuvor.

Hier die beiden gleichen Anzeigen:

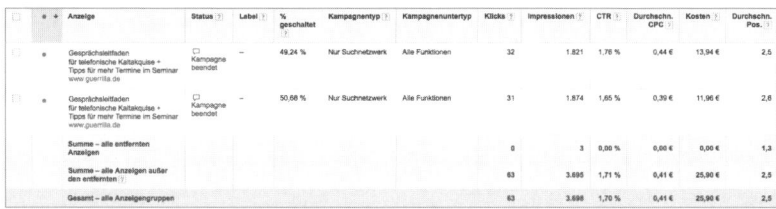

	⊕ ↓	Anzeige	Status ⓘ	Label ⓘ	% geschaltet ⓘ	Kampagnentyp ⓘ	Kampagnenuntertyp	Klicks ⓘ	Impressionen ⓘ	CTR ⓘ	Durchschn. CPC ⓘ	Kosten ⓘ	Durchschn. Pos. ⓘ
☐	●	Gesprächsleitfaden für telefonische Kaltakquise + Tipps für mehr Termine im Seminar www.guerrilla.de	☐ Kampagne beendet	–	49,24 %	Nur Suchnetzwerk	Alle Funktionen	32	1.821	1,76 %	0,44 €	13,94 €	2,5
☐	●	Gesprächsleitfaden für telefonische Kaltakquise + Tipps für mehr Termine im Seminar www.guerrilla.de	☐ Kampagne beendet	–	50,68 %	Nur Suchnetzwerk	Alle Funktionen	31	1.874	1,65 %	0,39 €	11,96 €	2,6
		Summe – alle entfernten Anzeigen						0	3	0,00 %	0,00 €	0,00 €	1,3
		Summe – alle Anzeigen außer den entfernten ⓘ						63	3.695	1,71 %	0,41 €	25,90 €	2,5
		Gesamt – alle Anzeigengruppen						63	3.698	1,70 %	0,41 €	25,90 €	2,5

Nun rufen wir wieder Dr. Pete's Split Test Calculator auf:

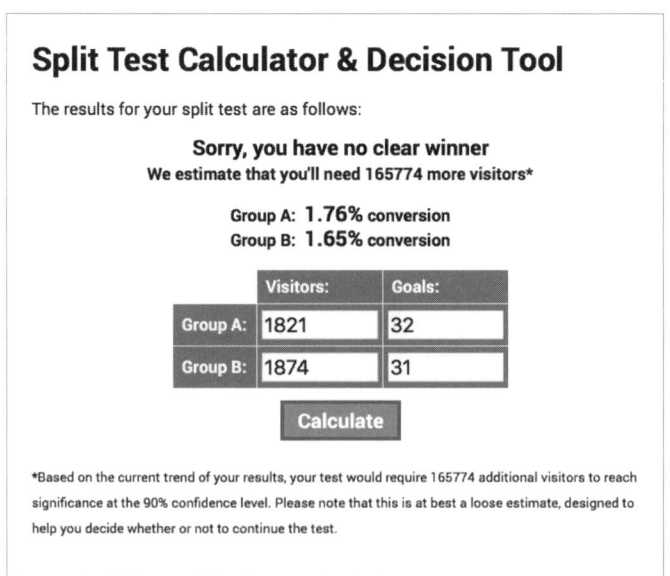

Split Test Calculator & Decision Tool

The results for your split test are as follows:

Sorry, you have no clear winner
We estimate that you'll need 165774 more visitors*

Group A: **1.76%** conversion
Group B: **1.65%** conversion

	Visitors:	Goals:
Group A:	1821	32
Group B:	1874	31

Calculate

*Based on the current trend of your results, your test would require 165774 additional visitors to reach significance at the 90% confidence level. Please note that this is at best a loose estimate, designed to help you decide whether or not to continue the test.

Auch hier geben Sie bei *Visitors* die Zahl der Impressionen ein und bei *Goals* die Zahl der Klicks. Sie drücken *Calculate* und die Berechnung sagt uns, dass die beiden Anzeigen keinen klaren Gewinner ausweisen und Sie noch weitere 165 774 Impressionen brauchen werden, bis bei diesen zwei Anzeigen mit einer Signifikanz von 90 Prozent oder mehr klar sein wird, welche Anzeige gewinnt.

In so einem Fall warten wir normalerweise nicht auf die nächsten 165 000 Impressionen, sondern werfen die eine Anzeige raus und schreiben eine neue, mit dem Ziel, die bessere von beiden zu schlagen.

Zwei wichtige Hinweise: Wenn Sie neue Anzeigen schreiben, dann vermerken Sie *vorher* die Ergebnisse, die Sie mit den Anzeigen erzielt haben, bevor Sie Änderungen vornehmen:

➤ Text der Anzeige
➤ Impressionen
➤ Klickrate (CTR)
➤ Kosten
➤ Positionierung

Außerdem ändern Sie immer beide Anzeigen gleichzeitig. Den Gewinner und die neue Variante. Schreiben Sie die neue Anzeige am einfachsten mit dem Befehl neben dem Bleistift-Symbol:

Wenn Sie alles eingegeben haben, dann bearbeiten Sie die »alte«, erfolgreich bestehende Anzeige ebenfalls. Google fragt Sie, ob Sie das wirklich wollen, weil dadurch alle Statistiken gelöscht werden. Sie antworten, weil Sie das in diesem Fall wirklich wollen, mit »Ja, verstanden« und bekommen nun die Maske zum Bearbeiten.

Dort müssen Sie eine kleine Änderung vornehmen. Wenn die von Ihnen geänderte erfolgreiche Anzeige bei *Prozent geschaltet* keine null Prozent anzeigt, müssen Sie eine andere Änderung vornehmen.

Nur wenn beide Anzeigen null Prozent bei *Prozent geschaltet* anzeigen, ist der Zähler wieder auf null.

Die automatische Anzeigenrotation optimieren

Bei der Einrichtung der Kampagnen können Sie zwischen einer *Standard-Kampagne* und einer *Alle-Funktionen-Kampagne* wählen. Für fortgeschrittene Einstellungen wie die Funktion *Anzeigenrotation* brauchen Sie eine *Alle-Funktionen-Kampagne*. Die Anzeigenrotation legt fest, wie Google die Anzeigen schalten soll, wenn Sie mehr als eine Anzeige pro Anzeigengruppe haben. Auch hier gibt es eine Automatik, die einem unbedarften Nutzer helfen soll, bessere Ergebnisse zu erzielen. Dabei wird nach einer gewissen Laufzeit der Kampagne jeweils die schlechtere Anzeige einer Anzeigengruppe nicht mehr ausgeliefert.

Wenn Sie die Einstellungen zur Kampagne gleich beim Anlegen der Kampagne erledigt haben, müssen Sie jetzt nichts machen. Sollten Sie es aber vergessen haben, dann können Sie die Anzeigenrotation und andere Funktionen für die Kampagne nur ändern, wenn Sie den Kampagnentyp vorher umstellen. Können Sie also in einer Kampagne die erweiterten Einstellungen nicht einmal sehen, dann müssen Sie den Kampagnentyp umstellen. Keine Sorge: Passiert uns auch manchmal, selbst nach 15 Jahren Nutzung von Google AdWords.

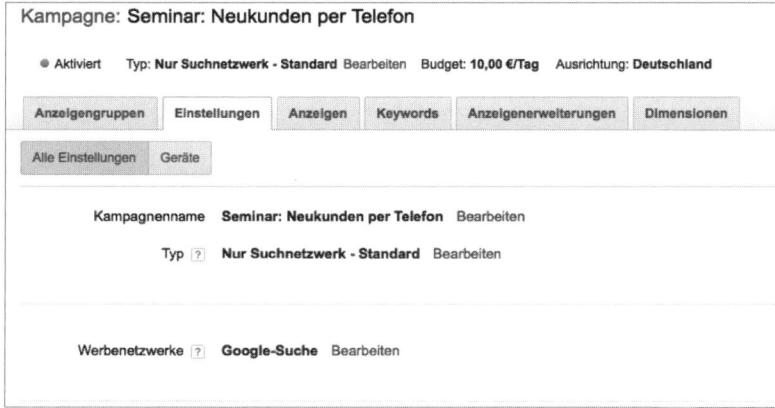

Ändern des Kampagnentyps von *Standard* auf *Alle Funktionen*

Klicken Sie am Ende der Zeile neben *Typ* den Bearbeiten-Link an.

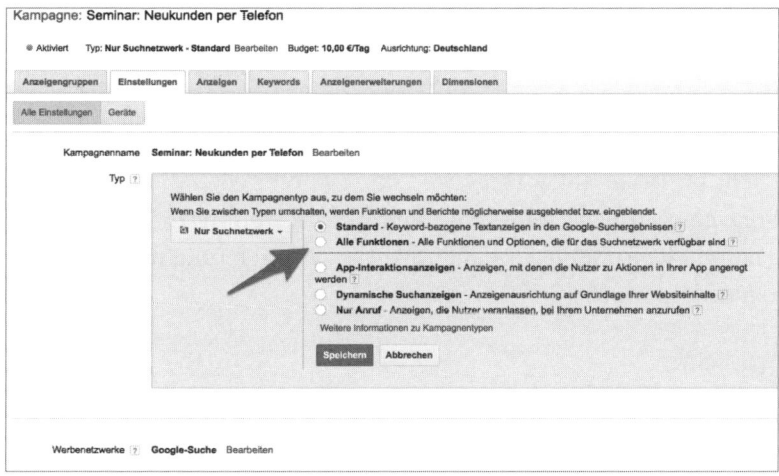

Hier können Sie jetzt die Kampagne umstellen – nach dem Speichern sehen Sie jetzt auch die erweiterten Einstellungen und dort den Punkt *Anzeigenauslieferung*.

Erweiterte Einstellungen

⊞ Werbezeitplan: Startdatum, Enddatum, Anzeigenplanung

⊞ Anzeigenauslieferung: Anzeigenrotation, Frequency Capping

⊞ Test^{BETA}

⊞ Ausschlüsse von IP-Adressen

⊞ Dynamische Suchanzeigen

⊞ URL-Optionen für Kampagne (erweitert)

Dort hat Google die Einstellung für *Klicks optimieren* voreingestellt. Diese wollen wir jetzt verändern. Wenn Sie daran denken, dass Ihre Anzeigen im Wettlauf sind und Sie diese nach einiger Zeit auswerten müssen, dann wählen Sie den komplett manuellen Betrieb – die letzte Option aus der Liste. Google blendet einen Warnhinweis ein, weil Sie natürlich bei den schlechteren Anzeigen weniger Klicks bekommen, als wenn Sie nur die bessere Anzeige schalten würden. Da wir aber nicht wissen, welche die bessere Anzeige sein wird, wollen wir im Moment nicht die Klicks optimieren, wir wollen mittels des Tests die beste Anzeige ermitteln. Und das immer wieder.

Wenn Sie dazu neigen, die Anzeigen zu schalten, und dann vielleicht im Berufsalltag vergessen, diese immer wieder periodisch zu kontrollieren, dann wählen Sie die vorletzte Option *Gleichmäßige Anzeigenrotation*. Google schaltet dann die Auslieferung der schlechteren Anzeige nach 90 Tagen aus.

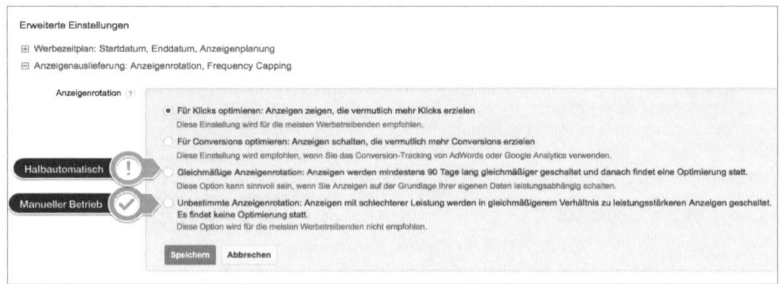

Auswahl der Anzeigenrotation

Wir wählen mutig die letzte Option und lassen Google damit abwechselnd beide Anzeigen ohne Zeitbegrenzung im Wettstreit anzeigen.

Tipp: Setzen Sie sich einen Kalendertermin und prüfen Sie nach 30 Tagen die Anzeigenleistung. Machen Sie die Auswertung mit dem Splittest-Kalkulator, und wenn die Ergebnisse eine Signifikanz von 90 Prozent oder besser haben, dann werfen Sie die schlechtere Anzeige raus und schreiben eine neue. Sind die beiden Anzeigen zu nah beieinander und Sie können keinen eindeutigen Sieger erkennen oder berechnen, dann schreiben Sie trotzdem eine neue, setzen zwei wieder an den Start und kontrollieren nach entsprechender Zeit die Resultate.

Schritt 3: Aufteilen der Suchbegriffe in Keyword-Gruppen

Viele Nutzer, die mit Google AdWords starten, machen den Fehler, dass Sie *eine* einzelne Anzeige schreiben und für diese Anzeige *alle* Suchbegriffe/Keywords nehmen, die ihnen dazu einfallen. Und alle Suchbegriffe zusätzlich, die ihnen Google dann unter *Werbechancen* im Laufe der Zeit vorschlägt.

Hier einmal ein kleines Beispiel aus einer Google-AdWords-Kampagne, bevor diese optimiert wurde:

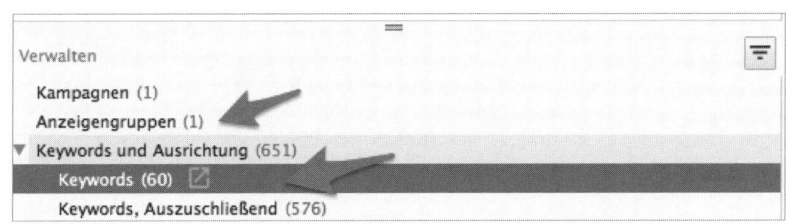

Anfängerfehler: Eine Kampagne, eine Anzeigengruppe,
eine Anzeige und 60 Suchbegriffe

Eine Kampagne, eine Anzeigengruppe mit nur einer Anzeige und 60 Suchbegriffe. Alle Klicks landeten auf der Homepage und nicht auf mehreren speziellen Landeseiten, die relevant für den Besucher sind.

In einer perfekten Welt würden Sie für jedes Keyword oder für jede Suchphrase jeweils eine eigene Anzeige schreiben. Und jeweils eine eigene Landeseite genau passend dazu. Da das nicht wirklich praktikabel ist, verwenden wir Anzeigengruppen, in denen die Keywords nur für die jeweiligen Anzeigen hinterlegt werden. Empfehlenswert sind fünf bis 20 Keywords pro Anzeigengruppe.

Die Reihenfolge bei der Wahl von Suchbegriffen

1. Erstellen Sie eine Liste von Suchbegriffen mit dem Keyword-Planer (in Google AdWords unter *Tools* zu finden)
2. Einschränkungen bei der Suche einstellen

Keyword-Planer

Rufen Sie den Keyword-Planer auf und nutzen Sie eine der drei Auswahlmöglichkeiten. Wir haben hier einmal unsere Website http:www.guerrilla.de als Zielseite eingegeben.

Jetzt verwendet Google die interne Suchdatenbank und gibt uns potenzielle Keyword-Vorschläge, und zwar – besonders hübsch – schon für Anzeigengruppen-Ideen vorsortiert.

In unserem Fall sehen wir hier eine Analyse aus den Google-Indizierungen all unserer Seiten und Blogartikel auf unserer Website.

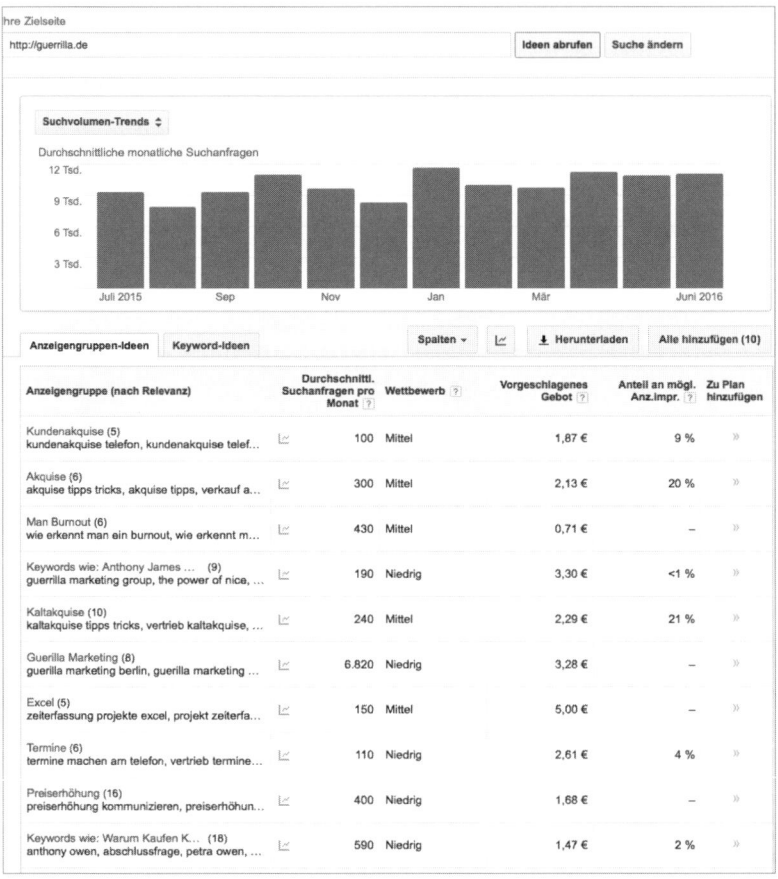

Einige sind sehr passend wie *Kundenakquise/Kaltakquise* et cetera, andere wie *Excel* oder *Burnout* passen nicht zu uns.

Woher kommen die unpassenden Keywords? Von den Artikeln über Burnout, die wir geschrieben haben, und wie man einen Mitarbeiter davor bewahren kann. Außerdem gibt es Artikel zur Zeiterfassung auf unserer Website, weswegen Google auf die Idee kommt, eine Anzeigengruppe vorzuschlagen. Aus Sicht eines Computerprogramms natürlich sinnvoll, aber für uns in diesem Fall kein Thema, das wir bewerben wollen.

Wenn Sie auf die Überschrift klicken, landen Sie auf einer Menge Keywords, die der Google-Algorithmus als passend ansieht. Tippen wir auf die Überschrift *Kaltakquise*, zeigt uns Google alle vorgeschlagenen Keywords:

Anzeigengruppe: **Kaltakquise**

←

Keyword (nach Relevanz)		Durchschnittl. Suchanfragen pro Monat [?]	Wettbewerb [?]
kaltakquise tipps tricks	⟋	10	Mittel
vertrieb kaltakquise	⟋	20	Hoch
kaltakquise telefon tipps	⟋	30	Mittel
kaltakquise telefon einstieg	⟋	20	Mittel
kaltakquise b2b tipps	⟋	10	Niedrig
kaltakquise bedeutung	⟋	20	Mittel
was bedeutet kaltakquise	⟋	20	Mittel
kaltakquise warmakquise	⟋	10	Niedrig
definition kaltakquise	⟋	10	Niedrig
kaltakquise definition	⟋	90	Niedrig

Zeilen anzeigen:

Jetzt müssen Sie entscheiden: Was passt in meine Kampagne und was passt da nicht rein? Alle definierenden Suchphrasen scheinen uns nicht sinnvoll. Jemand, der nach

➤ »Was bedeutet Kaltakquise?«
➤ »Definition Kaltakquise«

und den entsprechenden Varianten sucht, wird sicher noch kein kostenpflichtiges Seminar buchen. Das sind allerdings gute Hinweise auf sogenannte auszuschließende Suchbegriffe, die wir eingeben können, damit unsere Anzeige nicht gezeigt wird, wenn jemand diese Suche eingibt.

Alle anderen Begriffe könnten Sinn machen, und deshalb übernehmen wir die Anzeigengruppe mit den restlichen Keywords in eine neue Anzeigengruppe.

So weit, so gut. Noch schnell die anderen Anzeigengruppen geprüft und bei Sinnhaftigkeit übernommen. Die Anzeigen werden getextet, und dann wird die Kampagne scharf geschaltet.

Allerdings beenden viele Kunden an dieser Stelle Ihre Arbeit mit den Keywords. Und das ist einer der Hauptgründe für schlecht funktionierende Kampagnen und oft enttäuschte Erwartungen. Die Lösung liegt in den *Keyword-Optionen*. Sie steuern bei Google AdWords, bei welchen Suchanfragen Ihr Keyword verwendet wird und bei welchen Ihre Anzeige eben nicht auftaucht.

Schlüssel zum Erfolg: Keyword-Optionen

Sie können bei Google die Empfindlichkeit steuern, nach der Ihre Anzeige mit den verbundenen Keywords für eine Suche infrage kommt. Standardmäßig gibt es bei Google fünf mögliche Keyword-Optionen:

1. Weitgehend passend
2. Weitgehend passend mit Modifizierer
3. Passende Wortgruppe

4. Genau passende Wortgruppe
5. Ausschließendes Keyword – negatives Keyword

1. Weitgehend passend

Wenn Sie ein oder mehrere Keywords bei Google eingeben, dann wird es erst einmal standardmäßig die Option *weitgehend passend* vergeben.

Der Google-Algorithmus versucht, Ihre Anzeige bei allen Suchen ins Spiel zu bringen, wo es – daher der Name – weitgehend passend scheint. Die Suchanfrage kann die Worte in einer anderen Reihenfolge enthalten, die Suchanfrage kann falsche Schreibweisen, Singular/Plural und Synonyme des Suchbegriffs enthalten. Das ist von der Grundidee auch clever, weil es Ihre Liste von Keywords sehr kurz hält und Sie nicht jede Schreibweise vermerken müssen, die jemand bei der Google-Suche verwendet.

Wenn Sie ein Hotel in Marrakesch, Marokko, betreiben und Sie wollen deutsche Kunden per Google AdWords darauf aufmerksam machen, dann wollen Sie, dass Google bei der Eingabe von zum Beispiel

➤ Marrakesch
➤ Marrakech
➤ Marakesch
➤ Marakech

auch immer Ihre Anzeige anzeigt. Aber der Kreativität des Algorithmus ist geschuldet, dass auch immer wieder Suchbegriffe in Ihrer Suchhistorie auftauchen, die Sie eigentlich nicht meinten, aber für deren Klicks Sie trotzdem bezahlen müssen, weil die Besucher etwas – manchmal Absurdes – gesucht und dann auf Ihre Anzeige geklickt haben.

»Hotel in Marrakesch« mit der Einstellung *weitgehend passend* kann eben auch Ihre Anzeige bei einer Suche nach »Hotelbewertung Marrakesch« anzeigen, obwohl Sie vielleicht gar nichts mit

Hotelbewertung zu tun haben. Oder bei der Suche nach »Ferienwohnung Marrakesch«, obwohl ein Hotel ja keine Ferienwohnung ist. Für den Google-Algorithmus aber durchaus.

Da Sie einen Tod sterben müssen, ist die Regel, dass Sie bei einer kleinen Gruppe von weitgehend passenden Suchbegriffen auch immer eine umso größere Liste von negativen Suchbegriffen dazu eintragen müssen, um zu viele irrelevante Anzeigenschaltungen bei weitgehend passenden Suchen zu verhindern.

Als Metapher können Sie sich vielleicht einen Rasensprenger vorstellen. Weitgehend passend hat einen sehr großen Radius. Und manchmal bekommt auch ein Bereich etwas Wasser ab, bei dem das gar nicht beabsichtigt war.

2. Weitgehend passend mit Modifizierer

Hier werden wir schon etwas präziser. Der sogenannte *Modifizierer* ist vor dem Keyword ein + Zeichen, also +Marrakech. Der Modifizierer sorgt dafür, dass immer noch Singular-, Pluralformen und Tippfehler berücksichtigt werden. Aber Synonyme sind nicht mehr inbegriffen.

Sie können den Modifizierer bei einem der Keywords eingeben, wenn Sie einen Suchbegriff mit mehreren Worten haben. Also +Hotel +Marrakech – aber es kann auch nur bei einem der beiden Wörter verwendet werden. Um bei unserer Gartenanalogie zu bleiben, ist unser Rasensprenger jetzt eingeschränkt auf einen halben Radius. Es wird immer noch viel mit Wasser besprüht, aber etwas gezielter als vorher.

3. Passende Wortgruppe

Die passende Wortgruppe ist eine Suchanfrage in Anführungszeichen gesetzt. Nehmen wir wieder unser Hotel in Marrakesch als Beispiel. Wir geben in Google AdWords »*Hotel in Marrakesch*« als Keyword ein (*mit* den Anführungszeichen!).

Jetzt spielt die Reihenfolge eine wichtige Rolle. So wie Sie die Wörter eingeben, müssen Sie auch in der Suche auftauchen. Es dürfen aber vorher und nachher weitere Wörter in der Suche eingegeben werden.

Es wird die Anzeige geschaltet, wenn Folgendes gesucht wird:

> Hotel in Marrakesch
> *Günstiges* Hotel in Marrakesch
> Hotel in Marrakesch *buchen*
> *Günstiges* Hotel in Marrakesch *buchen*

Aber die Anzeige erscheint nicht, wenn in der Suchphrase die Reihenfolge nicht eingehalten wird. Selbst wenn die Keywords in der Suchanfrage vorkommen, müssen sie genau so geschrieben werden, wie Sie es durch die passende Wortgruppe vorgeben. Sucht also jemand zum Beispiel

> Hotel *buchen* in Marrakesch

... wird Ihre Anzeige nicht gezeigt, weil zwischendrin das Wort »buchen« steht. Das ist nun eher ein Gartenschlauch, um bei unserer Analogie zu bleiben. Sie können damit recht präzise Pflanzen mit Wasser versorgen.

4. Genau passende Wortgruppe

Die *genau passende* Wortgruppe zeigt Ihre Anzeige nur, wenn der Suchende exakt die Wörter eingibt, die Sie vorgeben. Kein Wort vorher und kein Wort danach.

Um einen Suchbegriff als genau passend zu definieren, setzen Sie ihn in eckige Klammern: [Hotel in Marrakesch].

Ihre Anzeige wird gezeigt, wenn der Kunde Folgendes sucht:

> Hotel in Marrakesch

Die Anzeige wird nicht mehr gefunden, wenn die Reihenfolge nicht stimmt oder wenn Wörter davor oder dahinter verwendet werden. Also in all diesen Fällen nicht:

> *Günstiges* Hotel in Marrakesch
> Hotel in Marrakesch *buchen*
> *Günstiges* Hotel in Marrakesch *buchen*
> Hotel *buchen* in Marrakesch

Nach unserer Analogie ist das nun eine Gießkanne. Nur diejenigen Pflanzen bekommen Wasser, die Sie auswählen. Kaum Verluste. Aber eine Menge Pflanzen bekommen eben gar kein Wasser.

5. Ausschließendes Keyword – negatives Keyword

Dies ist keine neue Option für das feinere Einstellen von Keywords, sondern für die Wörter, die Sie komplett ausschließen wollen. In unserem Beispiel wäre das vielleicht so etwas wie das Keyword »Bewertung« bei einer Suche.

Gibt also jemand in Google die Suche

> Hotel in Marrakesch *Bewertung*

ein, taucht Ihre Anzeige nicht mehr bei dieser Suche auf.

Wann erscheint meine Anzeige bei Google AdWords?

Um dies zu beantworten, muss man zunächst vom Preis reden. Bei Google AdWords gibt es für eine Anzeige keinen festen Preis. Der Preis wird in einer Auktion ermittelt und der letztlich gültige Preis für einen Klick hängt von den Geboten aller Werbetreibenden ab, die für das Keyword oder die Wortfolge zu diesem Zeitpunkt Anzeigen schalten wollen. Und natürlich von Ihrem Gebotspreis pro Anzeige beziehungsweise Keyword, den Sie maximal bereit sind, dafür auszugeben (dem maximalen CPC).

Alle Anzeigen aller Kunden bei Google AdWords, die auf dieses Keyword passen und die gültig sind, werden in einem Auktionsalgorithmus bewertet. Danach werden sie in der Reihenfolge des berechneten Anzeigenrangs (Ad Rank) angezeigt.

1. Jemand sucht nach »tipps für kaltakquise«.
2. Das System sucht alle Anzeigen im System, deren Suchbegriffe für die Suche passend sind.
3. Das System schließt alle Anzeigen aus, die für ein anderes Land vorgesehen sind oder abgelehnt wurden.
4. Ist Ihr Tagesbudget verbraucht, fällt die Anzeige auch heraus.
5. Von den verbleibenden Anzeigen wird eine Rangliste erstellt.
6. Der Anzeigenrang (Ad Rank) ist eine Kombination aus Gebot, Anzeigenqualität und vermuteten Auswirkungen, zum Beispiel SiteLinks.

Von den verbleibenden Anzeigen werden dann die angezeigt, die eine ausreichende »Qualität« aufweisen. Google verwendet dazu den sogenannten *Qualitätsfaktor*, der beschreibt, wie gut das Keyword, die Anzeige und die Seite, auf der der Besucher landet (Landeseite), miteinander harmonieren. Google versucht, mit einer Analyse dieser Elemente die Frage zu beantworten, wie relevant die Anzeige und die Landeseite für den Suchenden sind.

Wenn Sie eine Anzeige in Google AdWords einstellen und eine Landeseite damit verknüpfen, dann zeigt Google im AdWords-Tool für die Keywords den Qualitätsfaktor an (von 1 bis 10).

Was bedeutet der Qualitätsfaktor von 1 bis 10?

➤ Ein Qualitätsfaktor von 1 bis 3 ist schlecht. Die Anzeigen zum Keyword mit einem Qualitätsfaktor von 1 bis 3 werden im Normalfall nicht angezeigt.

> ➤ Ein Qualitätsfaktor von 4 bis 6 ist mittelmäßig. Anzeigen werden angezeigt, aber nicht immer, und generell zu höheren Kosten und an schlechteren Positionen.
>
> ➤ Ein Qualitätsfaktor von 7 bis 10 ist toll. Hohe Chancen, dass eine Anzeige zu niedrigeren Kosten angezeigt wird, und zwar im Vergleich zu anderen auf einer besseren Position.

Am Anfang werden Ihre neuen Anzeigen mit einem mittleren Qualitätsfaktor von 6 eingestuft. Aber nach wenigen Tagen sinkt oder steigt der Qualitätsfaktor für die einzelnen Keywords in Abhängigkeit von Anzeigentext und Landeseite.

Nehmen wir als Beispiel eine Anzeigengruppe zum Thema Kaltakquise:

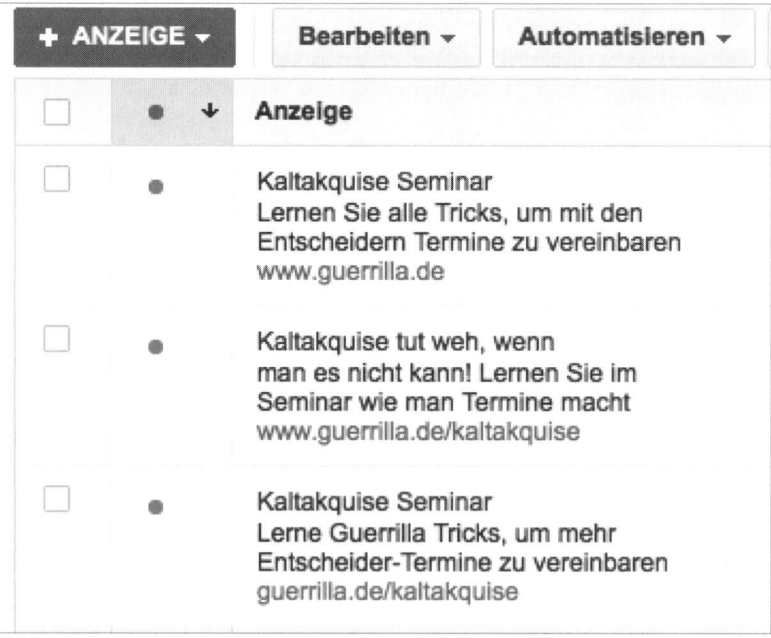

Drei Anzeigen zum Thema Kaltakquise

Und dahinter sehen Sie einen Ausschnitt aus den dazu gebuchten Suchbegriffen und deren Qualitätsfaktor. Die Kampagne ist einige Wochen gelaufen und Sie können in der Aufstellung sehen, wie hoch der Qualitätsfaktor der einzelnen Begriffe nun ist.

		Keyword	Qual.-Faktor ? ↓
☐	●	leitfaden für telefonakquise	8/10
☐	●	telefonakquise	6/10
☐	●	leitfaden telefonakquise	6/10
☐	●	tipps telefonakquise	6/10
☐	●	was ist telefonakquise	5/10
☐	●	telefonakquise erlaubt	5/10
☐	●	telefonakquise verboten	5/10
☐	●	telefonakquise beispiel	5/10

Keywords und ihr jeweiliger Qualitätsfaktor

Klickt man in der Übersicht seiner Keywords auf die Sprechblase eines Keywords, bekommt man Erläuterungen dazu, wie Google momentan das Keyword in Relation zur Anzeige (Text) und zur Landeseite sieht.

Hier als Beispiel die Erläuterung zu einem Keyword mit einem hohen Qualitätsfaktor von 9:

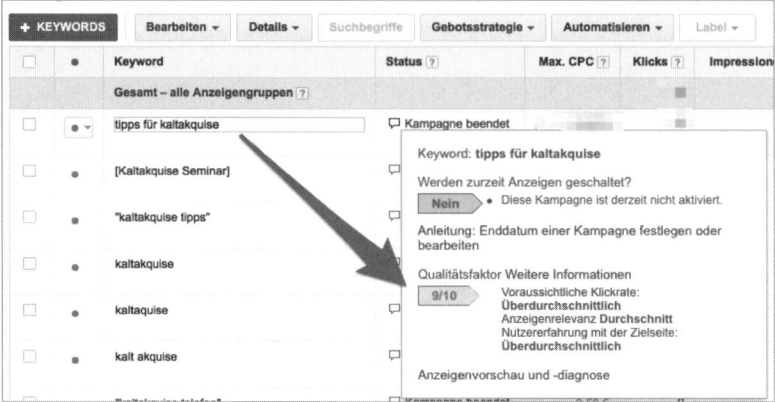

Keyword mit Qualitätsfaktor 9

Bei diesem Keyword müsste man wahrscheinlich nur eine bessere Anzeige texten, um die Wahrscheinlichkeit zu erhöhen, eine 10 zu bekommen.

Keyword mit einem schlechten Qualitätsfaktor

Bei einem Keyword mit einem niedrigen Qualitätsfaktor wird ebenfalls eine Erläuterung gegeben, woran das liegt und was man ändern müsste.

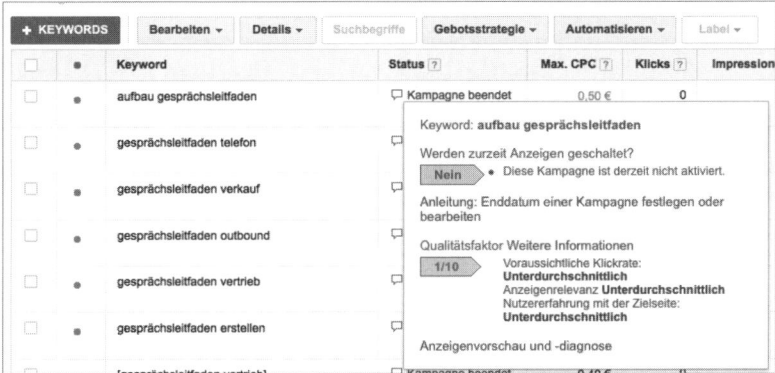

Gesprächsleitfaden mit einem Qualitätsfaktor von 1

Die Anzeige wird nicht geschaltet, auch wenn wir einen hohen CPC-Wert bieten würden. Die Gründe: Die Klickrate ist gering, der Anzeigentext passt nicht zum Keyword und die Nutzererfahrung für die Nutzer, die auf die Anzeige geklickt haben (als diese anfangs mit dem Suchbegriff gezeigt und angeklickt wurde), war schlechter als die Nutzererfahrung auf Landeseiten anderer Werbetreibender.

Wenn Sie ein Keyword aber auf jeden Fall bewerben wollen und Sie haben keinen guten Qualitätsfaktor (7 bis 10), dann lesen Sie im Kapitel »Optimieren von Kampagnen«, wie Sie den Qualitätsfaktor verbessern können.

Manchmal ist es ärgerlich, wenn Anzeigen wegen eines niedrigen Qualitätsfaktors nicht erscheinen. Aber es ist auch in Ihrem Interesse, wenn der Besucher, der durch eine AdWords-Anzeige auf Ihrer Website landet, dort auch das findet, wonach er sucht, und Sie dadurch nicht »schlechten« Traffic teuer über Google AdWords einkaufen.

Wie viel sollten Sie pro Klick bieten?

Zuerst hängt die Antwort auf diese Frage davon ab, welche Ziele Sie mit Google AdWords verfolgen. Wenn Sie ein saisonales Produkt haben und Ihr Marketingbudget es zulässt, dann optimieren Sie Ihre Anzeigen auf die maximale Klickzahl. Dann werden Ihre Gebote höher ausfallen und Ihre Besucherzahlen erheblich steigen.

Wir haben zum Beispiel ein Schulungsunternehmen bei seinen Google-AdWords-Anzeigen betreut, welches zweimal im Jahr sein Platzkontingent verkaufen will/muss. Dort laufen die Kampagnen für das Anfordern von Informationsmaterial das ganze Jahr über mit niedrigen CPC-Kosten und während der Anmeldemonate – zwei Monate vor Beginn der Kurse – laufen spezielle Google-AdWords-Kampagnen mit einem maximalen CPC-Gebot, um so möglichst viele Suchen von potenziellen Kunden mit Anzeigen zu erreichen. Danach werden diese relativ teuren Klick-MAX-Kampagnen wieder pausiert und erst zu den entsprechenden Vor-Kurs-Zeiten reaktiviert.

Durch den Onlinebestellvorgang und das dadurch verbundene Feedback kann jederzeit der ROI der MAX-Kampagne berechnet und entsprechend angepasst werden.

Manchmal ist weniger mehr

Andererseits haben wir eine Anzahl Kunden, für die nicht eine große Menge an Klicks an sich wichtig ist, sondern das Preis-Leistungs-Verhältnis der wichtigere Faktor ist. Im wahrsten Sinne des Wortes: ein preislich attraktiver Besucherstrom zu niedrigeren Kosten. Besonders bei Produkten mit geringeren Margen oder einer geringen Umwandlung (Conversion) von Besuchern zu Käufern will man oft eine andere Strategie fahren.

Wir haben Ihnen ja im Kapitel »Drei Fragen zum Start« und im Kapitel »Schritt 1: Kampagneneinstellungen« den Umgang mit dem Keyword-Planer gezeigt. Dort liegt auch einer der Schlüssel für preiswertere Klicks.

Wenn Sie erfolgreich den Sweet Spot finden, wo Sie bei 20 Prozent der Klickkosten zum CPC-MAX trotzdem die 80 Prozent der Klicks bekommen, dann erhalten Sie die Besucher auf Ihrer Website um einiges günstiger, als es Ihre Wettbewerber tun. Manchmal um zehn Prozent günstiger, manchmal um Faktor fünf bis zehn günstiger als das maximale Gebot.

Wie Sie wissen, testen wir sehr viele Elemente bei Google AdWords und anderen Marketingkampagnen aus und versuchen, bei jeder Kampagne die speziellen Eigenarten zu verstehen, die einen Einfluss auf den Marketingerfolg haben. Es gibt viel weniger Gesetzmäßigkeiten, als es uns viele Menschen weismachen wollen.

Auch auf die Gefahr hin, dass gerade Ihre Google AdWords sich anders verhalten könnten, haben wir oft festgestellt, dass die Toppositionen eins bis drei auf den Suchergebnisseiten qualitativ nicht den besten Besucher auf die Website bringen müssen.

Wir haben Kundenkampagnen betreut, deren Klickkosten dramatisch nach unten gingen und deren Conversion-Rates bei Klicks aus den Anzeigenpositionen vier bis acht besser waren als die teuren Positionen eins bis drei.

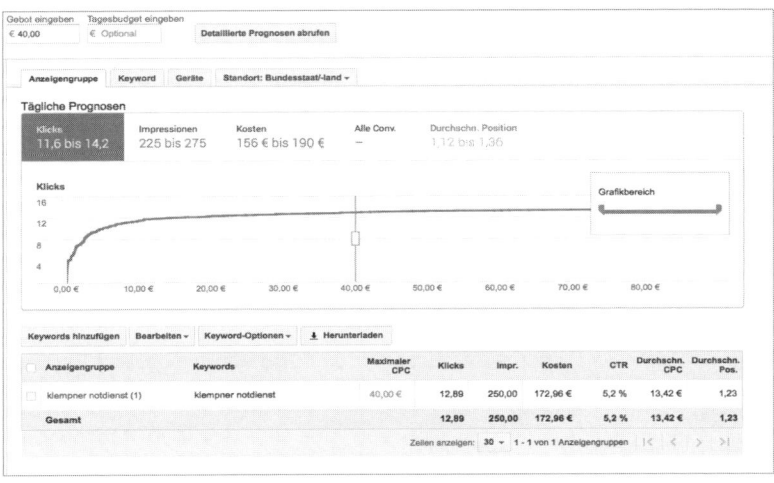

Hohes Gebot = viele Klicks!

Benutze ich das Keyword-Planer-Tool und gebe »klempner not-dienst« dort ein, dann bekomme ich einen ersten Einblick, was für Ergebnisse ich erzielen kann.

Bei einer MAX-Kampagne könnte ich versuchen, immer die Toppo-sitionen eins bis zwei zu erreichen. Dafür bieten wir bei Google pro Klick ein maximales Gebot von 40 Euro. Dann würde ich rund 13 Klicks bekommen und dafür 172,85 Euro bezahlen. Also 13,42 Eu-ro pro Klick.

Jetzt können Sie den Regler verschieben und wir testen mithilfe des Keyword-Planers den 20-Prozent-Ansatz nach dem Pareto-Prinzip. Unser Maximalgebot senken wir auf 20 Prozent von 40 Euro = acht Euro. Hier das Ergebnis:

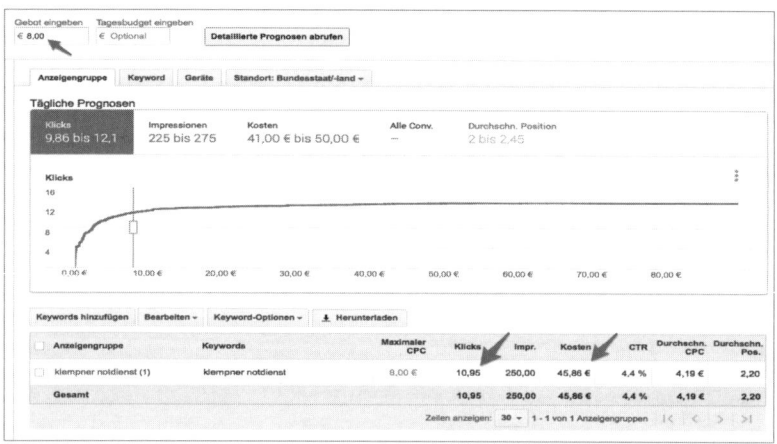

Die Anwendung des Pareto-Prinzips: 85 Prozent
der Klicks für nur 31 Prozent der Kosten

Wir bekommen rund elf Klicks (statt knapp 13 Klicks bei der MAX-Kampagne = 85 Prozent der Ergebnisse) und zahlen dafür nur rund 31 Prozent des Betrages, den wir vorher bezahlt hätten.

Das bewusste vorherige Probieren, wie sich der Gebotspreis aus-wirkt und welches Ergebnis man dadurch erzielen kann, ist ein wich-tiger Indikator, um seine Gebote festzulegen.

Tipp: Google erwähnt häufig bei niedrigen CPC-Preisen, dass die Anzeige nicht auf der ersten Seite gezeigt wird, und empfiehlt, das Gebot nach oben anzupassen. Sie sollten aber jede Veränderung vorher abschätzen und berechnen und die Gebotsänderungen immer mit dem Wert eines Besuchers abstimmen!

Landeseiten – finale Entscheidung über Erfolg und Niederlage

Wenn man mit Kunden spricht, die Google AdWords ausprobiert haben und es danach ohne sichtbare Ergebnisse wieder eingestellt haben, dann kann man bei der Analyse der AdWords-Konten meistens schnell den Grund dafür finden: die Landeseite(n).

Die Landeseite kann eine beliebige Seite auf Ihrer Website sein. Viele Google-AdWords-Anfänger stellen die eigene Hauptseite (http://guerrilla.de zum Beispiel) als Ziel des Klicks in ihre Anzeige ein.

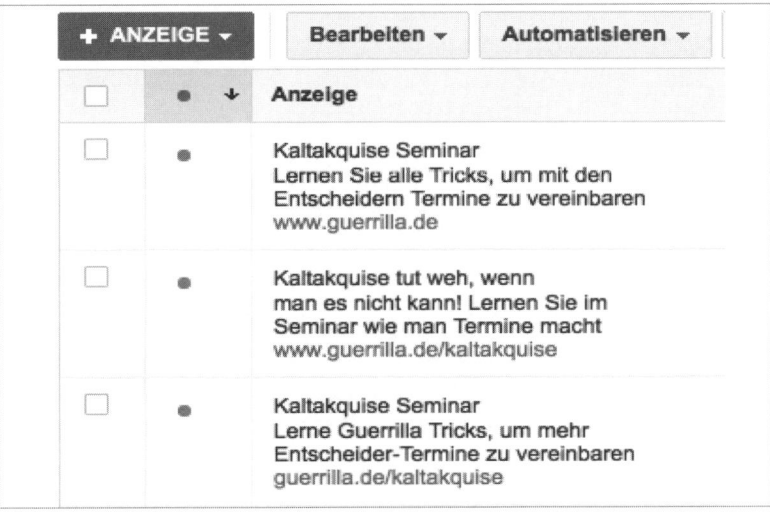

Die Hauptseite ist nicht immer die optimale Landeseite.

Sie haben eine Anzeige getextet, das entsprechende Keyword dazu, und dann senden Sie die Besucher, die über die Klicks kommen, auf ihre Hauptseite.

Bei uns sieht die Homepage im Moment so aus:

Hmm. Kein Hinweis auf Kaltakquise zu finden. Zumindest auf den ersten Blick. Also kann es passieren, dass der potenzielle Besucher, den wir mit unserem Klick *gekauft* haben, sofort den Zurück-Button auf seinem Browser drückt. Ergebnis: Außer Spesen nichts gewesen. Schlimmer noch: Google vermerkt die Verweildauer beziehungsweise Nicht-Verweildauer und berücksichtigt das bei allen weiteren Anzeigen aus der Anzeigengruppe. Mit der Zeit sinkt dann der Qualitätsfaktor für dieses Keyword in Ihrem Google-AdWords-Konto und im schlimmsten Fall müssen Sie Ihr Gebot erhöhen oder die Anzeigen werden – weil nicht relevant genug – von Google gar nicht mehr ausgelöst.

Wo sollten Sie Ihren Kunden besser »landen« lassen? Auf einer speziellen Landeseite, die die Intention des Suchenden versucht zu bedienen. Was möchte jemand wirklich, der »tipps für kaltakquise« in Google eingibt, auf einer Website finden, die er über eine der obigen Anzeigen anklickt?

Für diesen Besuchertyp haben wir eine spezielle Landeseite getextet, die nur den Sinn hat, die Fragen des Suchenden zu beantworten, und erst danach unser Kaltakquise-Seminar anzubieten.

Ausschnitt der Landeseite bei der Suche »tipps für kaltakquise«

Mit speziell für den Suchenden geschriebenen Seiten können Sie den Qualitätsfaktor und die Conversion-Rate erheblich steigern. Wenn der Besucher dann meint, er interessiert sich für das weiter unten beworbene Seminar, kann er mit einem Klick die Seminarseite besuchen:

Buchungsseite für am Seminar interessierte Besucher

Auch hier gelten wieder die Guerilla-Prinzipien Zeit, Energie und Fantasie. Je mehr Sie davon einsetzen, desto relevanter wird der Inhalt für Webbesucher sein. Nebeneffekt: Ihre speziellen Landeseiten werden auch in der organischen Suche bei Google besser gefunden. Die gleiche Seite, die wir vor Seminarterminen mit Google bewerben, ist auf der ersten Suchergebnisseite an vierter Stelle über die organische Position zu finden.

Wie Sie Kaltakquise zu Warmakquise machen | TelefonArt
www.telefonart.de/5-punkte-wie-sie-kaltakqui...   Anonym öffnen   Markieren
3. Mai 2016 ... Wer im Verkauf Erfolg haben will, muss Kunden akquirieren. Was
nicht immer leicht ist. Lesen Sie 8 Tipps, wie Sie Kaltakquise in Warmakquise ...

Praxisnahe Tipps für eine erfolgreiche Kaltakquise | Gründerszene
www.gruenderszene.de/allgemein/telefonakquis...   Anonym öffnen   Markieren
28. März 2014 ... Viele scheuen den Griff zum Telefon. Dabei ist der telefonische
Erstkontakt der effektivste Weg zu neuen Kunden. Mit diesen Tipps gelingt die ...

Tipps für die Kaltakquise | VertriebsManager
www.vertriebsmanager.de/ressort/tipps-fuer-d...   Anonym öffnen   Markier
Die Kaltakquise gehört zu den größten Herausforderungen im B2B-Umfeld.
Gleichzeitig ist der qualifizierte Erstkontakt am Telefon der effektivste We
neuen ...

Kaltakquise per Telefon - Guerrilla Marketing Group
www.guerrilla.de/kaltakquise-per-telefon/   Anonym öffnen   Markieren
Bevor Sie loslegen – Grundlagen der Kaltakquise – zum Lesen: ... Kaltakquise-
Statistik · Organisation der Kaltakquise, Hilfsmittel und andere Tipps + Kniffe.

Kaltakquise: Vier Tipps für einen erfolgreichen Erstkontakt ...
www.cash-online.de/berater/2015/kaltakquise/...   Anonym öffnen   Markieren
28. Apr. 2015 ... Die Kaltakquise am Telefon ist eine der schwierigsten

---

Die Landeseite wird auch ohne Google AdWords
in der Google-Suche gut gerankt.

Auf Ihren Landeseiten entscheidet sich, welchen Wert der durch Google AdWords generierte Traffic für Sie haben wird.

Besseres Bearbeiten von Kampagnen mit dem Google AdWords Editor

Der Google AdWords Editor ist ein zusätzliches und kostenloses Google-Tool, in dem Sie Ihre Kampagnen auch offline bearbeiten können.

Welche Vorteile hat es, sein Google-AdWords-Konto (oder mehrere) mit dem AdWords Editor zu bearbeiten?

➤ Sie können Ihre Kampagnen auf Ihren Rechner herunterladen, bearbeiten und später wieder hochladen.

> Sie können ein komplettes Back-up Ihres AdWords-Kontos vornehmen – alle Kampagnen, Anzeigen, Keywords.
> Sie können mit mehreren Leuten gleichzeitig an einem Google-AdWords-Konto arbeiten.
> Sie können dem Kunden Vorschläge als Export aus dem AdWords Editor schicken. Dieser kann dann ebenfalls diesen Export mit dem AdWords Editor bearbeiten und zurücksenden. Sie können diese nach der Freigabe final hochladen.
> Sie können Kampagnen von einem Konto in ein anderes Konto kopieren.
> Sie können mit *drag & drop* einfach Kampagnen, Anzeigen-gruppen, Anzeigen und Keywords verschieben oder kopieren.
> Feedback bei falschen oder fehlenden Angaben.
> Vor dem Hochladen können Sie eine Überprüfung starten und erst, wenn diese fehlerfrei ist, die Änderungen in Ihrem Google AdWords übernehmen.
> Paralleles Bearbeiten mehrerer Elemente auf einmal. Zum Beispiel eine ganze Gruppe von Keywords von »aktiv« auf »pausieren« setzen. Oder bei mehreren Anzeigen gleichzeitig ein oder mehrere Elemente ändern.
> Suchen und Ersetzen. Sie wollen in all Ihren Anzeigen aus dem Ausdruck »unsere Aktion« »unser Angebot« machen? Kein Problem mit der Suchen-und-Ersetzen-Funktion.
> Texte anhängen an zum Beispiel URLs.
> Doppelte Keywords finden.

Sie sehen also eine Menge wichtige und hilfreiche Funktionen, vor allem, wenn Sie anfangen, intensiver mit Google AdWords zu arbeiten. Zwei Funktionen können Sie im Moment nur mit dem AdWords Editor erledigen: das komplette Back-up und das Finden doppelter Keywords. Wir verwenden den AdWords Editor bei der Arbeit mit Kampagnen fast täglich, alleine um schnell und zeitsparend Änderungen vorzunehmen oder um Anzeigen von einer Kampagne in eine andere zu kopieren.

Optimieren von Kampagnen

Wenn Sie nach den ersten Gehversuchen in AdWords anfangen, sich wohlzufühlen, wird es Zeit, Ihre Kampagnen zu überarbeiten.

Dazu ein praktischer Tipp: Tragen Sie sich je nach Bedeutung, Budget und verfügbarer Zeit einen Google-AdWords-Check-Termin in Ihren Kalender ein. Wir stellen uns dafür einen Timer und arbeiten zum Beispiel an einem Konto oder einer Kampagne maximal 30 oder 60 Minuten, um Verbesserungen zu erreichen. Klingelt der Timer, schließen wir die Arbeiten schnellstmöglich ab und machen beim nächsten Mal weiter. Das Auswerten von AdWords und Google Analytics kann auch schnell zum Zeitfresser werden. Man kann sich auch zu Tode analysieren und optimieren.

Wir setzen uns immer konkrete Ziele für das Verbessern eines Google-AdWords-Kontos und dessen Kampagnen. Hier ein paar Fragen zum Start:

✓ Haben wir unser Ziel erreicht? Haben wir zum Beispiel durch Google AdWords mehr Bestellungen oder nur mehr Besucher?

✓ Welche Keywords zeigen einen schlechten Qualitätsfaktor?

✓ Sind die aktuellen Suchphrasen geprüft worden und die Liste mit neuen auszuschließenden Keywords ergänzt worden?

✓ Sind nach 30 oder 60 Tagen die Anzeigen, die im Wettbewerb stehen, ausgewertet worden? Wie signifikant ist der Unterschied?

✓ Schreiben wir neue Anzeigen, um die bisherigen zu schlagen?

✓ Sind alle nicht funktionieren Keywords (CTR = null Prozent) aus einer Anzeigengruppe entfernt worden?

✓ Führen alle Anzeigen auf die richtigen Landeseiten?

Selbst wenn Sie mit einer SEA-Agentur zusammenarbeiten, empfehlen wir Ihnen, mit den Kollegen dort regelmäßige Auswertungsmeetings durchzuführen. Auch die Agentur kann Ihre Ziele nur umsetzen, wenn diese auch durch Sie klar kommuniziert worden sind.

Letzter Tipp zu Google AdWords: Lernen Sie weiter!

Wenn Sie jetzt intensiver in Google AdWords einsteigen wollen, dann empfehlen wir Ihnen das Buch, was wir im Moment jedem Mitarbeiter – bei uns oder beim Kunden, der AdWords-Konten betreuen soll – als Erstes in die Hand drücken: *Google AdWords – das umfassende Handbuch* von Guido Pelze, Thomas Sommeregger und Ricarda Linnenbring.

KAPITEL 3

Podcast

Podcast – die nächste große Welle im Online-Marketing

Podcast ist die nächste große Welle im Marketing. In den USA hat das Podcasting unglaubliche Popularität erlangt, während alle anderen Content-Formate wie Blog, also Weblogs, Videos, Artikel et cetera Elemente sind, die in den USA und bei uns in der Zwischenzeit weitverbreitet sind und eher stagnieren.

Der Wettbewerb und die Möglichkeit, sich voneinander abzuheben, sind jetzt nicht mehr so groß, weil bereits sehr viele etablierte Anbieter online und sichtbar sind. Und wenn man als Unternehmer neu anfängt, zum Beispiel YouTube-Videos zu produzieren oder einen neuen Blog zu schreiben, ist es extrem schwierig, schnell sichtbar zu werden.

Wenn wir einmal den Podcast-Markt betrachten, dann sehen wir ein in den letzten Jahren eher stiefmütterlich behandeltes Format.

Für alle, die noch nicht genau wissen, was ein Podcast eigentlich ist, hier die Erklärung: Ein Podcast ist eine aufgenommene Radiosendung. Ursprünglich kommt das von broadcasten (senden) und dem (Apple)-iPod und bedeutet, dass ich eine Sendung nach außen sende. Der Podcast ist ein optimales Mittel, um sich als Experte zu positionieren.

Ist nicht Video populärer als Podcast?

Videos sind, massenmäßig betrachtet, populärer als Podcasts. Wenn es allerdings ums Business geht, ist Video für die meisten irrelevant, da die meisten Menschen im geschäftlichen Umfeld nicht unbedingt in ihrem Büro, wo sie unter Beobachtung stehen, YouTube-

Videos eines Steuerberaters oder eines Trainers oder Coachs ansehen. Das ist eher unwahrscheinlich. Ein weiterer Grund, der Podcasts für die Zuhörer attraktiv macht, ist, dass sie den Podcast hören können, während sie etwas anderes machen, wie zum Beispiel Auto, Zug oder U-Bahn fahren. Oder Bügeln, Geschirr abwaschen, Wäsche aufhängen, im Fitnessstudio Gewichte stemmen oder draußen joggen, das heißt, es gibt viel mehr Situationen im täglichen Leben, wo das Hören möglich ist, im Vergleich zum Anschauen eines Videos, weil die Hörer keine visuelle Aufmerksamkeit für diese Sendung brauchen. Beim Anschauen eines Videos sind die Zuschauer vor Ihren Bildschirm gezwungen oder müssen permanent auf ihr Tablet oder Smartphone schauen, während sie einen Podcast auch dann hören können, wenn sie etwas anderes machen. Das ist meist komfortabel und entspannt.

Wir selbst haben mit unserem eigenen Podcast GuerrillaFM die Erfahrung gemacht, dass viele Leute den Podcast unterwegs auf Dienstreisen oder auf dem Weg zur Arbeit hören. Sie laden sich dann oft fünf, sechs oder mehr Folgen herunter und hören diese hintereinanderweg.

Die Hörer schätzen den »Unterhaltungswert« beziehungsweise das Erlangen neuen Wissens während einer Dienstreise oder während einer ansonsten relativ nutzlos verbrachten Zeit im Zug, im Auto oder im Flugzeug. Das ist der Grund, warum Podcast spannend ist auf der Hörerseite. Und auch spannend für Sie als Anbieter eines Podcasts, ob Sie nun Unternehmer, Freiberufler oder Gewerbetreibender sind.

In den nächsten Kapiteln sehen wir uns an, was den Audio- vom Videopodcast unterscheidet, und werfen einen Blick vor allem auf die Kostenseite und die technischen Voraussetzungen bei der Produktion; hierbei ist der Audiopodcast erheblich im Vorteil, so viel sei schon einmal gesagt.

Ein weiterer und ganz wesentlicher Punkt ist dann die Frage nach dem Nutzen dieses Formats für Ihr Marketing und Ihre Positionierung als Unternehmer oder Gründer.

Audio- oder Videopodcast?

Podcasts gibt es heute in zwei Formaten: als Video- und als Audiopodcast. Videos sind populärer als Audiopodcasts. Wenn wir aber über das Businessumfeld sprechen, ist Video für viele irrelevant, weil man in der Geschäftsumgebung nicht ständig im Büro sitzt und sich YouTube-Videos eines Steuerberaters ansieht. Wir nennen im Verlauf des Buches Audiopodcasts einfach Podcasts und die Videopodcasts zur Unterscheidung dazu Videopodcasts.

Für Anbieter ist es viel einfacher, einen Podcast zu produzieren als ein professionelles Video. Bei einem professionell erstellten Video erkennt man sehr schnell, ob alles perfekt ist, weil wir eben seit 50 Jahren technisch gut gemachtes Fernsehen sehen. Wir erkennen, ob Schnitt, Ton und Bild zusammenpassen, das heißt, kleinste Abweichungen werden sofort sichtbar.

Bei einem Audiopodcast ist das nicht der Fall: Für den Audiopodcast kann man zum Beispiel auch Elemente zusammenschneiden und am Ton arbeiten. Wenn sich jemand beim Sprechen verhaspelt, dann muss er nicht wieder überlegen, was und wie er sich im Bild zeigt. Der Toningenieur gestaltet oder schneidet alles so, dass es am Ende gut klingt.

Auch die benötigte Ausrüstung ist deutlich günstiger. Sie benötigen nur ein Mikrofon pro Sprecher, während beim Videopodcast auch die Beleuchtung passen muss, und da Sie zusätzlich Ton haben, muss auch der stimmig sein, das heißt, Sie haben doppelt so viel Aufwand bei der Erstellung und danach im Umgang mit dem Medium selbst. Aus diesem Grund sind Audiopodcasts im Vergleich günstiger zu produzieren.

Der wichtigere Aspekt aber ist, dass Audio vom Hörer völlig unabhängig vom Sehen konsumiert werden kann, neben einer anderen Tätigkeit. Er kann seine Zeit besser nutzen, kann seinen Arbeitsweg, seine Routinetätigkeiten im Haushalt erledigen und gleichzeitig Ihren Podcast hören und damit seine Zeit doppelt gut nutzen.

Wie viel günstiger ist eine Podcast-Produktion gegenüber einer Videoproduktion?

Natürlich kann man einen Videopodcast »ganz einfach« produzieren, indem man sein Smartphone auf ein Stativ stellt, das Gerät einschaltet und drauflosredet. Das sieht dann allerdings auch genauso »einfach« aus. Mit dem gleichen Smartphone und einem Mikrofon lässt sich allerdings auch ein qualitativ guter, vielleicht nicht unbedingt hochwertiger, aber auf jeden Fall besserer Podcast aufnehmen. Mit dem Mikrofon, das zum Beispiel Apple als Kopfhörer mitliefert, und einer kleinen App für zwei bis drei Euro bekommt man schon eine ordentliche Tonqualität hin. Den danach folgenden Schnitt kann man mit kostenloser Software selber machen. Und fertig ist der Podcast. Vielleicht geht das auch im Videobereich. Aber Videoschnitt kostet fünf- bis zehnmal mehr als die Produktion eines Audiopodcasts, wenn das Ergebnis vergleichbar professionell sein soll.

Der wichtigere Unterschied aber ist, dass Audio vom Hörer völlig unabhängig vom Sehen konsumiert werden kann. Der Hörer kann seine Zeit besser nutzen, seinen Arbeitsweg, seine Anfahrt oder Routinetätigkeiten im Haushalt erledigen und gleichzeitig unseren Podcast hören. Und zwar ohne dass er permanent zusätzlich auf einen Bildschirm sehen muss.

Podcasts erleichtern die Positionierung als Experte

Eine Eigenschaft, die einen Podcast im Unterschied beispielsweise zu einem Artikel positiv auszeichnet, ist, dass der Hörer den Menschen hört, der den Podcast spricht. Das heißt, er bekommt ein Gefühl dafür, wie die Person »tickt«, die da spricht. Was denkt diese Person? Was für ein Mensch ist das? Unsere Podcast-Hörer zum Beispiel haben oft das Gefühl, dass sie uns schon ewig kennen. Wenn wir also einen Podcast regelmäßig hören, dann bekommen wir nicht nur Worte zu lesen, die redigiert und editiert sind, sondern bekommen einen Eindruck von der Persönlichkeit eines Menschen, den wir zwar nicht persönlich kennen, aber durch den Podcast indirekt doch kennenlernen.

Wenn wir das mit einem gut gemachten Presseartikel vergleichen, den vielleicht sogar jemand für uns geschrieben hat, dann vermitteln wir ein Bild von uns, das jemand anderer quasi poliert hat. Wenn wir hingegen einen Podcast aufnehmen, dann sind wir die Personen selbst, die vor dem Mikrofon sitzen, und die können sich auf Dauer nicht verstellen. Daher ist das ein sehr authentisches Medium und Selbstpublizierungswerkzeug.

Experte werden – früher und heute

Früher, vor vielleicht 20 Jahren, war es so: Wenn Sie irgendwo als Experte angesehen werden wollten, mussten Sie versuchen, in ein Broadcast-Medium zu kommen; Radio, Fernsehen oder Zeitung. Und die mussten Sie dann ansprechen und einladen. Wenn Sie dann das Glück hatten, eingeladen zu werden, und der Hörer beziehungsweise Zuschauer hat Sie gesehen, dann hieß es plötzlich: »… Anthony Owen ist der Experte für Marketing« oder so ähnlich. Heute können Sie diesen Effekt auch mithilfe eines Podcasts erreichen.

Nehmen wir an, Sie sind Steuerberater und Sie machen einen Podcast über Steuerfragen, dann sagt sich der Zuhörer (vorausgesetzt, Ihr Podcast ist gut): »Der Steuerberater muss ja Ahnung haben!« Der ist also ein Experte.

Über die regelmäßige Sendung Ihres Podcasts transportieren Sie, dass Sie sich so zu Hause fühlen in dem Thema, dass Sie regelmäßig dazu etwas zu sagen haben und eine Sendung dazu senden. Sie werden also sichtbar dadurch, dass Sie regelmäßig eine Sendung machen.

Früher gab es immer ein Redaktionsteam oder einen Redakteur, der bestimmt hat, wer in die Sendung eingeladen wurde und wer nicht. Bei der Zeitung gibt es einen Redakteur, der bestimmt, welcher Artikel erscheint und welcher nicht. Diese Hürden existieren heute nicht mehr.

Jeder kann heute einen Podcast machen. Mit relativ überschaubarem Aufwand. Jede Woche, alle zwei Wochen, einmal im Monat oder jeden Tag, wenn er das möchte, kann er eine Sendung in die Welt senden. Menschen in aller Welt hören die Sendung, ohne dass der Anbieter/Sender über eine Rundfunkanstalt senden muss. Das Gleiche gilt für Blogs, für Blogartikel und das geschriebene Wort. Ebenso für Video, was im Vergleich hier wie Fernsehen wäre, und für Rundfunk, das »Radioformat«, wenn man so möchte. Die Person wird sichtbar. Mit minimalem Aufwand vermittelt sich die Person selbst mit ihrer eigenen Art hinter dem Mikrofon so, wie man das als Interessent sonst nur im persönlichen Gespräch oder vielleicht Telefonat erleben könnte.

Ein Podcast zeigt Sie so, wie Sie wirklich sind

Sie als Person sind hörbar und können somit extrem authentisch rüberkommen. Sie selbst bestimmen, was in die Sendung kommt, Sie bestimmen, welche Themen Sie ansprechen, wie lange Sie sie besprechen, wie detailliert. Sie selbst transportieren die Schwerpunkte Ihres Tuns und Ihrer Arbeit, Ihrer Expertise. Und damit verbessern Sie Ihre Position(ierung), die Sie als Anbieter einer Dienstleistung, als Freiberufler oder auch als Unternehmen im Markt haben.

Werbung für den eigenen Podcast

Wie lange braucht es, bis der eigene Podcast überhaupt von Hörern bemerkt wird? Wenn Sie ein paar Techniken, die wir im Verlauf dieses Buches weiter ausführen werden, anwenden, dann geht es etwas schneller, aber es ändert nichts daran, dass es erst mal ein eher langsam wirkendes Marketinginstrument ist und dass es eine Weile dauert.

Sie werden die ersten Hörer haben, auch wenn man Sie noch gar nicht kennt. Egal, wie groß der Markt zu sein scheint, es gibt immer irgendjemanden, der meint: »Oh, das klingt ja spannend ...« Ihr

Podcast wird automatisch von Computerprogrammen ausgewählt und irgendwo vorgestellt. Jemand klickt darauf und hört sich diese Sendung an. Hörer suchen sich die Inhalte, die sie interessieren, aus und klicken diese an.

Ähnlich wie bei Google. Google muss nichts tun, damit wir im Internet suchen, sondern wir Menschen wissen, was wir wollen, und suchen danach. Und wir finden: Webseiten, Blogartikel, Videos und so weiter. Google bietet uns ja über seine Plattform die Möglichkeit, die Angebote suchbar zu machen.

Das Gleiche gilt im Podcasting-Bereich auch: Sie finden Podcasts zu nahezu jedem Thema, das Sie sich vorstellen können. Sie müssen nur gezielt danach suchen. Und da draußen sitzen Menschen, die genau Sie suchen – *Ihre* Expertise oder *Sie* als Experten, der genau das kann, was diese Menschen suchen.

Zum Beispiel Problemlöser, die hoffentlich einen Podcast senden, weil der Suchende vielleicht gerade ein leidenschaftlicher Podcast-Hörer ist. Das heißt, er sucht in Suchmaschinen, in verschiedenen Podcast-Portalen nach dem entsprechenden Inhalt. Die Hörer stoßen von ganz alleine auf Ihren Podcast!

Das heißt jetzt nicht, dass Sie nicht trotzdem Werbung machen sollten, aber die meisten Hörer *finden*, jeder auf seine Weise, selber zu den Podcasts, die sie interessieren.

Geduld ist gefragt

Wie bei so vielen Marketinginstrumenten müssen Sie auch hier geduldig sein. Marketing erfordert in den meisten Fällen sehr, sehr, sehr viel Geduld. Sie wählen die richtige Strategie und es dauert lange, bis, für Sie zumindest sichtbar, ein Feedback vom Markt kommt.

Wahrscheinlich kennen Sie das aus anderen Bereichen selbst: Nehmen wir an, Sie sind Unternehmer und haben in der Mehrzahl viele zufriedene Kunden. Schreiben Ihnen Ihre zufriedenen Kunden regelmäßig eine E-Mail oder einen Kommentar und lassen Sie wissen, wie gut Sie und Ihre Leistungen/Produkte sind? Wohl eher nicht. Das passiert, wenn überhaupt, ganz selten. Wenn Ihre Kunden zufrieden sind, dann gibt es für die meisten keinen Anlass, sich zu rühren.

Und der Marketer muss damit rechnen, dass er unter Umständen zwei Jahre lang eine Sendung produziert und sendet, bis er signifikant merkt, dass daraufhin wirklich etwas passiert.

Wir haben selbst bei unserem eigenen Podcast, der inzwischen länger als acht Jahre am Markt ist, die ersten zwei Jahre gesendet, ohne großartig etwas an unseren Anfragen zu merken. Erst an den Downloadzahlen haben wir gemerkt, dass der Podcast einen positiven Effekt hat. Diese Effekte sind erst kumulativ über einen gewissen Zeitraum entstanden, nachdem der Podcast schon eine Weile gesendet wurde.

Seien Sie sich einfach bewusst, dass der Podcast als Marketinginstrument an sich gut funktioniert, wenn Sie Geduld aufbringen. Mit geringem Aufwand können Sie sich mithilfe dieser Guerilla-Taktik als Experte positionieren, indem Sie eine Sendung produzieren, die andere (wie zum Beispiel Apple iTunes, Google Play Store, Stitcher und die anderen Plattformen, die es alle gibt) verteilen. Sie verteilen den Podcast und Ihr Inhalt findet von alleine den Weg zum richtigen Hörer. Sie müssen nicht einmal Geld in die Hand nehmen, um zu werben. Was nicht heißt, dass Sie überhaupt nicht werben sollten, aber es funktioniert auch ohne, weil die Plattformen selber ein großes Interesse haben, Hörer zu finden, und daran interessiert sind, immer wieder neue Sachen vorzustellen. Also Geduld! Wie immer beim Marketing: Wir brauchen (manchmal sehr viel!) Geduld.

Turbo für den eigenen Podcast: Werbung!

Werbung wäre eine Möglichkeit; die ist natürlich fast immer mit Kosten verbunden und daher nicht unbedingt die ideale Lösung. Aber eine wirklich gute Lösung ist, dass Sie den gleichen Inhalt in zwei verschiedenen Versionen erzeugen. Sie schreiben zum Beispiel einen Blogartikel und »vertonen« diesen danach. Damit erreichen Sie sowohl den Menschen, der eher liest, als auch den, der lieber hört. Zwei verschiedene Kanäle, unterschiedliche Gewohnheiten. Genauso machen es die großen Nachrichtenportale wie zum Beispiel www.spiegel.de oder www.stern.de. Alle haben auch Videos im Programm, weil sich die Konsumgewohnheiten von Menschen verändert haben und einige lieber ein Video sehen wollen, statt einen Text zu lesen. Wir wiederum sehen uns eher selten Videos an, sondern lesen nahezu immer den Text (hat vielleicht auch mit unserem Alter zu tun ...).

Das heißt, wenn diese Portale jetzt den Text weglassen würden, dann würden sie uns nicht mehr erreichen, würden sie keine Videos anbieten, dann würden sie die Zielgruppe, die lieber Videos sehen will, auch nicht mehr erreichen. Und im Podcasting ist das genauso: Nehmen Sie einen Artikel, den die Suchmaschine findet und den ein Mensch möglicherweise liest. Sie können ihn danach vertonen, wenn Sie relativ gut sprechen, und aus diesem vertonten Artikel gleichzeitig ein zweites Produkt machen, was dann eben ein Podcast ist. Oder umgekehrt: Sie können eine Audioaufnahme transkribieren und aus dieser Abschrift der Tonaufnahme einen möglicherweise langen Artikel machen; je nachdem, wie lang Ihr Podcast ist.

Für wen sich Podcasting nicht eignet

Bevor Sie sich entschließen, einen Podcast anzubieten, sollten Sie über ein paar Punkte nachdenken:

1. Ihr Thema, zu dem Sie einen Podcast machen wollen, sollte Sie *wirklich* interessieren.
2. Sie sollten keine Angst haben, in ein Mikrofon zu sprechen. Wenn Sie zum Beispiel denken: »Oh Gott, was ich jetzt sage, das können andere Leute hören, was soll ich da sagen ... nee, das geht überhaupt nicht«, dann sollten Sie es lassen.

3. Sie sollten nicht fünf Wochen Vorbereitungszeit für zehn Minuten Aufnahmezeit benötigen. Dann vernachlässigen Sie Ihre eigentliche Arbeit. Das wird dann sehr, sehr schwierig.

4. Sie sollten in der Lage sein, strukturiert und systematisch zu sprechen. Am besten mit wenig Vorbereitungszeit.

5. Sie sollten ohne »Mhms« und »Ummhs« und »Ähs« sprechen können. Denn diese Form des Sprechens führt dazu, dass der Toningenieur diese Teile rausschneiden muss, was sehr aufwendig ist. Und wenn er das nicht macht, erträgt der Hörer das nach spätestens zehn Minuten nicht mehr und wählt einfach einen anderen Podcast. Das ist dann für beide Seiten unerfreulich. Ihr Aufwand, das zu produzieren, kann sehr hoch sein, wenn anschließend zum Beispiel stundenlang geschnitten werden muss, um jedes »Ähm« zu erwischen. Und der Hörer zählt irgendwann nur noch die »Ähs«, statt sich auf den Inhalt zu konzentrieren, und ärgert sich im Nachhinein über seine investierte Zeit.

6. Sie sollten bereit sein, regelmäßig zu senden. Gehören Sie zu denen, die denken: »Ich mache immer, wenn mir mal was einfällt, eine Sendung«? Podcasting profitiert, genau wie andere Formate auch, von der Regelmäßigkeit der Sendung. Nehmen wir zum Beispiel Fernsehserien oder die guten alten Nachrichten, zum Beispiel die *Tagesschau*. Die funktionieren unter anderem deshalb, weil wir wissen: Jeden Abend um 20 Uhr kommt die *Tagesschau*. Jeden Abend um 19 Uhr kommen die *Heute*-Nachrichten. Wir wissen um diesen Sendetermin und was für ein Inhalt uns voraussichtlich erwartet. Diese Regelmäßigkeit ist ein Grund, warum diese Sendungen viele Zuschauer haben. Die Zuschauerzahlen der *Tagesschau* und der *Heute*-Sendung würden dramatisch niedriger sein, wenn sie einfach nur senden würden, wann immer sie es gerade für richtig halten. Und wenn sie nicht mal ankündigen würden, wann die nächste Sendung kommt. Also, zum Beispiel mal um zwölf Uhr, mal um halb eins, mal um 20 Uhr und mal gar nicht. In kürzester Zeit wäre die Anzahl der Leute, die sich die Sendung ansehen, dramatisch geschrumpft. Die Podcast-

Hörer sind ja nicht an den Sende- oder Veröffentlichungstermin gebunden, aber die meisten erfolgreichen Podcasts funktionieren so gut, weil sie regelmäßig erscheinen. Und deshalb sollten Sie sich dazu verpflichten, regelmäßig einen Podcast zu machen.

Wie oft Sie senden sollten

Wie viel ist denn nun Erfolg versprechend? Dazu gibt es unterschiedliche Meinungen. Wir empfehlen entweder einmal pro Woche oder alle zwei Wochen eine Folge. Warum? Weil es einfach viele andere regelmäßige Sendungen gibt. Und wenn Ihre nur alle paar Monate erscheint, dann müsste sie schon so außergewöhnlich gut sein, dass sich Leute die Veröffentlichung in den Kalender eintragen, damit sie überhaupt daran denken, sich Ihre Sendung mal wieder anzuhören, weil nach drei Monaten ja wieder eine Folge herauskommen müsste. Wenn ein Hörer weiß, dass er jede Woche oder alle 14 Tage oder auch monatlich eine Folge hören kann, dann steigt die Wahrscheinlichkeit, dass er diese Folge hören will, wenn ihn das Thema grundsätzlich interessiert. Ebenso steigt die Wahrscheinlichkeit, dass er Ihren Podcast abonniert, weil er ja keine Folge »verpassen« möchte.

Erste Schritte zum eigenen Podcast

Glückwunsch: Sie haben sich also durchgerungen, einen Podcast zu produzieren. Jetzt ist die wichtigste Frage: Für wen ist Ihre Sendung gedacht? Wer ist Ihre Zielgruppe? Beschreiben Sie diese, und zwar so genau wie möglich.

Wendet sich Ihre Sendung an Jugendliche, die zum ersten Mal eigenes Geld verdienen? Oder an Menschen, die sich unsicher sind, wie oder was sie glauben sollen; ist es eine religiöse Sendung? Oder ist Ihre Sendung für Unternehmer, die gerade gegründet haben und noch in der Gründungsphase sind? Oder für Menschen, die in Unternehmen arbeiten und dort eine Managementposition innehaben? Oder für Hausfrauen, die besser mit ihrem Haushaltsbudget umgehen wollen? Es gibt so viele verschiedene Zielgruppen. Danach richtet sich alles. Später, wenn Sie Ihren Redaktionsplan erstellen, geht es ja weiter: Was senden Sie und wen nehmen Sie eventuell in die Sendung mit hinein? Sie sind eine Art kleine Radiostation mit Ihrer eigenen Spartensendung, Ihrem speziellen Nischenthema. Je spezifischer Ihre Zielgruppe ist, desto eher wird sich Ihre Sendung in dieser Gruppe verbreiten.

> **Tipp: Fangen Sie immer damit an, dass Sie Ihre Zielgruppe definieren.**

Nehmen wir mal ein Beispiel und sagen, wir wollen als Trainer einen Podcast machen für Manager, die ein Team führen und Probleme haben bei der Teamführung. Sie erhoffen sich Anregungen, Tipps und Hilfe, wenn sie sich einen Podcast dazu anhören.

Jetzt definieren wir einen Repräsentanten dieser Zielgruppe.

> ➤ Wer ist das überhaupt?
> ➤ Männlich/weiblich?
> ➤ Wie alt, wie lange im Unternehmen?
> ➤ Was für Probleme hat diese Person selbst?
> ➤ Auf welche Probleme, die er/sie lösen will, trifft er/sie?
> ➤ Wie ist das Umfeld?
> ➤ Steht die Person ständig unter Druck?
> ➤ Bekommt sie Anweisungen und/oder muss sie diese weitergeben?

Und was Ihnen noch an Fragen einfällt ...

Jetzt fangen Sie an, eine Liste über die Person zu machen, zum Beispiel: Dieser Mensch ist weiblich, 48 Jahre alt bis Mitte fünfzig, frustriert über die Situation, die da abläuft, findet sie blöd und belastend, muss sich aber damit auseinandersetzen.

Und jetzt kommt die Liste der Aufgaben, Herausforderungen oder Probleme ...

Wenn Sie jetzt jemand sind, der zu diesem Thema Teamintervention, Teamführung und so weiter. eine gute Sendung machen und vor allem auch regelmäßig dazu senden kann, dann fällt es Ihnen bestimmt leicht, für diesen Menschen etwas zu produzieren.

Die Struktur einer Folge

Bei der Struktur einer Folge gilt es folgende Punkte zu bedenken:

1. Wie lang ist Ihre Folge?
   – Natürlich hängt das auch von Ihrer Zielgruppe ab und Ihrer eigenen Marketingstrategie.
2. In welcher Form sprechen Sie Ihre Hörer an?
   – Duzen oder Siezen?
   – Einzeln oder in Interviewform?
3. Sprechen Sie alleine (solo) oder zu zweit (Interview)?
   – Lesen Sie lieber oder reden Sie lieber spontan?
4. Wie oft müssen Sie senden?
5. Sie brauchen einen Redaktionsplan.
6. Profitechniker oder Do-it-Yourself?

1. Wie lang ist Ihre Folge?

Entscheiden Sie: Soll Ihre Sendung eine Fünf-Minuten-Kurztipp-Sendung sein oder eher eine ausführliche Zwei-Stunden-Diskussionssendung, die von der Inhaltsform eher einer Besprechung ähnelt?

Tägliche Radiosendungen handeln in 30 Sekunden bis anderthalb, zwei Minuten die komplexesten Themen ab. Hier hält die Aufmerksamkeit der Hörer oft nicht länger für ein Thema vor, und das

Umschalten der Hörer soll verhindert werden. Es wird eher Musik gespielt, und wenn es zwischendurch einen Wortbeitrag gibt, dann liegt dieser oft unter zwei Minuten. Als Podcaster denkt man: »Ich habe ja kaum ›Guten Tag‹ gesagt und dann ist die Zeit schon rum.« Und dennoch ist es durchaus möglich, auch in extrem kurzer Zeit, zum Beispiel in fünf oder sieben Minuten, ein Podcast-Thema zu behandeln. Das ist dann eben eher angerissen oder »nur« ein Tipp als Anregung mit einer Handlungsaufforderung.

Die meisten Podcasts sind so lang wie ein »klassischer Arbeitsweg«, also 25 bis 35 Minuten. Das kann Zufall sein oder es liegt daran, dass unsere Aufmerksamkeitsspanne durchschnittlich so lang ist. Manche Podcasts, die länger sind, liegen bei 40 bis 45 Minuten. Unser eigener Podcast ist meist 20 bis 25 Minuten lang, manchmal auch 45 Minuten, je nach Thema.

Viele Leute hören einen Podcast auf dem Weg zur Arbeit. Sei es im Auto oder in der Bahn oder auf dem Fahrrad. Wenn eine Folge die Länge eines Arbeitsweges hat, schafft der Hörer eine ganze Folge. Wenn die Sendung zu lang ist, zum Beispiel zwei Stunden, muss der Hörer mit Unterbrechungen hören, damit er dann am Schluss der Woche die Zwei-Stunden-Folge geschafft hat. Deshalb haben viele Podcasts ein kürzeres Format. Das heißt aber nicht, dass man nicht ein langes Format machen kann! Es gibt Podcasts, die über Stunden gehen und die auch ihre Hörer haben und die auch funktionieren, aber unsere Empfehlung liegt bei 20 bis dreißig 30 oder kürzer. Schließlich müssen Sie ja auch den Inhalt produzieren!

Wichtig ist, dass Sie Ihrem Zeitformat treu bleiben. Natürlich können Sie Sondersendungen produzieren, aber Hörer entwickeln Hörgewohnheiten. Und erwarten dann auch die »übliche« Länge.

Wählen Sie die Kurztipp-Variante, sollten Sie bei fünf bis sieben Minuten liegen. Haben Sie sich für die 20-Minuten-Variante entschieden, sollten Sie mit den meisten Folgen diese Zeiten einhalten.

Mit Ihrem gewählten Format legen Sie sich fest. Es gibt nicht »besser oder schlechter«. Kurz ist schwierig; aber wenn mir nicht genug einfällt, ist lang auch schwierig.

2. In welcher Form sprechen Sie Ihre Hörer an?

Sagen Sie »Liebe Hörer, liebe Hörerinnen, liebe Freunde, liebe … «?

Du oder Sie – das hängt von Ihnen als Person ab. Manche duzen ihre Hörer von der ersten Sendung an, es gibt aber auch Podcaster, die ihre Hörer siezen, und manche wechseln immer mal wieder … Das hängt ganz davon ab, wie Sie Ihre Zielgruppe sonst ansprechen. Wenn Sie zum Beispiel ein Trainer sind und bieten Ihren Teilnehmern in Ihren Seminaren gerne sofort das Du an (zumindest für die Dauer der Veranstaltung), dann sollten Sie auch hier beim Du bleiben: »Hallo, lieber Hörer, es freut mich, dass du heute eingeschaltet hast.«

Wenn Sie jemand sind, der eher förmlich ist, dann nutzen Sie die Sie-Form. Was ist für Sie authentisch? Wenn Sie grundsätzlich schnell im Alltag die Menschen duzen, dann auf jeden Fall auch in Ihrer Sendung. Besteht Ihre Zielgruppe aus jungen Leuten, dann sowieso …

3. Sprechen Sie alleine (solo) oder zu zweit (Interview)?

Vielleicht denken Sie sich: »Oje, muss ich meinen Text auswendig können? Kann ich nicht einfach ablesen?«

Auch das hängt sowohl mit Ihrer gewählten Zeitdauer als auch mit Ihrem gewählten Format zusammen. Das schwierigste Format ist das Solo-Format. Das bedeutet, Sie sitzen alleine vor einem Mikrofon und fangen an zu reden; das ist etwa so wie Stand-up-Comedy. Sie sind ganz alleine und haben »nur« sich selbst als Person anzubieten, nur Ihre Stimme. Sie sollten dann ein sehr guter Redner sein, der andere mit seiner Stimme fesselt und gut unterhält. Ebenso müssen Sie vorher genau wissen, was Sie sagen wollen. Es gibt ja keine Pause und Sie müssen weiter- und weiterreden …

Es gibt Menschen, die das hervorragend können und großartige Podcasts produzieren – ganz ohne Interview. Nur durch eine kurze, exzellente Vertonung von Blogartikeln. Grundsätzlich gilt: Wenn Sie Schwierigkeiten haben, ein Thema, das Sie kennen, spontan zu präsentieren, dann sollten Sie sich zumindest eine minimale Struktur aufschreiben. Worauf kommt es Ihnen an?

1. These
2. Meine drei Punkte
3. Zusammenfassung

Das wäre einer klassischen Redestruktur angepasst. Sie liefern eine These, dann eine Antithese, erklären, warum die These Sinn macht, liefern eine Zusammenfassung und schließen mit der Aufforderung zur Tat. Also die klassischen Strukturen aus der Rhetorik.

Unserer Erfahrung nach reicht es auch schon, wenn Sie sagen: »Heute spreche ich über die Auswirkungen der Auslandsumsätze bei der Umsatzsteuer, weil ich Steuerberater bin.« Nehmen wir einmal an, Sie wären einer. Kurz bevor Sie diese Folge aufnehmen, überlegen Sie, welche wichtigsten drei Punkte bei Auslandsumsätzen die Umsatzsteuer betreffen. Dann fassen Sie das Wichtigste zusammen und empfehlen eine Handlung. Das ist Ihre Struktur für Ihr Thema.

Manche Menschen brauchen alles genau ausformuliert. Für die wird die Produktion eines Podcasts sehr zeitaufwendig. Wenigstens bleibt ihnen dann noch der Artikel … Vielen reicht es, wenn sie sich ein paar Stichworte aufschreiben.

Wir empfehlen die Interviewform, weil sie abwechslungsreicher klingt. Zwei oder drei Personen unterhalten sich über ein Thema, befragen den Experten und alle diskutieren. Man lädt sich Gäste ein, die man zu einem Thema interviewt. Oder man beantwortet Hörerfragen, vorausgesetzt, man hat genügend beisammen.

Durch den Wechsel zwischen Fragen und Antworten oder eine Diskussion mit verschiedenen Stimmen klingt der Austausch lebendig. Warum ist das ein erfolgreiches Format? Es ist leichter zu produzieren, es ist interessanter für den Hörer, weil er einem Gespräch zuhört. Normalerweise hören wir nicht gern freiwillig Monologen von Menschen zu, die stundenlang reden, sondern bevorzugen Dialoge in irgendeiner Form oder sind selber gerne Teil des Dialogs.

4. Wie oft müssen Sie senden?

Ganz einfach: Auf jeden Fall regelmäßig!

Vielleicht denken Sie jetzt: »So viel Inhalt kann ich mir gar nicht einfallen lassen.« Natürlich ist es am Anfang schwierig, besonders wenn Sie frisch anfangen und noch nicht so erfahren sind.

Um in der Menge der angebotenen Sendungen aufzufallen und die Aufmerksamkeit bei Ihrer Hörer-Zielgruppe zu erlangen, müssen Sie regelmäßig senden. Ähnlich wie beim Fernsehen, wenn eine erfolgreiche Serie, zum Beispiel »Downton Abbey«, mal Samstagmittag auf dem einen, mal Sonntagnachmittag auf dem anderen Kanal läuft – dann wird sie nicht von so vielen Menschen wahrgenommen, als wenn die Ausstrahlung immer zur gleichen Zeit auf demselben Kanal erfolgt. Ein Podcast, der ja meist aus einer Serie von Sendungen besteht, kann auch erfolgreich sein, wenn er zeitlich in völlig unterschiedlichen Abständen produziert wurde. Die meisten Podcasts, die wir kennen – unsere eingeschlossen, sind unter anderem auch deshalb erfolgreich, weil sie regelmäßig erscheinen. Die Hörer wissen: Mittwochabend um 18 Uhr erscheint eine neue Folge von GuerrillaFM.

Petra, die anfangs oft dachte: »Macht das alles denn überhaupt Sinn? Hört uns überhaupt jemand?«, hat sich vor Jahren davon überzeugen lassen, dass es wirkt, und konnte es schließlich an den Downloads und den Reaktionen der Hörer sehen.

5. Sie brauchen einen Redaktionsplan

Glückwunsch! Sie sind jetzt ein Publizist, wie ein Radiosender!

Sie senden Spezialthemen im Audioformat an ein paar Hundert Hörer pro Sendung. Wie bei einer Zeitung oder einem Radiosender benötigen Sie irgendeine Form von Struktur. Sie können nicht einfach nur nach Lust und Laune mal senden und mal nicht!

Hierbei hilft der Redaktionsplan. Nehmen wir an, Sie senden wöchentlich, dann haben Sie pro Jahr 52 Folgen zu produzieren.

Dazu brauchen Sie einen Plan, um einen Überblick und eine Struktur für ihre Inhalte oder Gäste zu haben. Mindestens für die nächsten Wochen sollten Sie einen Plan haben. Denn jetzt sind Sie ja nicht nur Trainer, Coach, Unternehmer, Erfinder, Start-up, Investor, Steuerberater oder Ähnliches, sondern Sie sind jetzt auch ein Podcaster und damit ein Publizist!

Natürlich können Sie kurzfristig auch tagesaktuelle Themen verwenden. Denken Sie jedoch daran, dass Ihr Podcast auch noch in zwei Wochen oder zwei Jahren gehört werden kann.

Wenn Sie also zum Beispiel Steuerberater sind und über Umsatzsteuerfragen oder als Rechtsanwalt über Internetrecht reden, dann wird vieles von dem, was Sie sagen, auch noch in einigen Jahren möglicherweise relevant für den Hörer sein. Manche Hörer entdecken Ihren Podcast vielleicht erst ein paar Jahre später, nachdem Sie die Sendung aufgenommen haben.

Ein Redaktionsplan hilft Ihnen, zu einem größeren Thema eine Folgen-Gliederung zu erstellen. Das ist Ihre Liste, Ihr Sendeplan!

Das Datum und ein Thema, das Sie voraussichtlich an diesem Tag senden wollen, genügen völlig. Nehmen wir an, Sie reden übers Internetrecht. Vier, fünf Themenpunkte fallen Ihnen bestimmt dazu ein, die jedes Unternehmen kennen sollte. Diese Themen notieren Sie und überlegen, wann die Themen erscheinen sollen und ob Sie vielleicht jemanden zu einem Interview einladen können. So bauen Sie für die nächsten zehn Sendungen Ihren Ablauf zusammen. Und planen dann die nächsten Sendungen.

6. Profitechniker oder Do-it-Yourself?

Nun haben Sie alles aufgenommen und möchten natürlich gut klingen. Sie sind technisch voll auf der Höhe und möchten Ihre Folge gern selbst bearbeiten. Schon alleine, um Kosten zu sparen.

Die gute Nachricht: Sie benötigen nicht zwingend einen Tontechniker. Je besser Sie sprechen, also ohne große Verhaspler und Verirrungen in Ihren Sätzen, desto einfacher. Möglicherweise können Sie sogar schnittfrei senden. Es gibt Menschen, die einfach das, was sie aufnehmen, senden – unplugged. Und wenn mal ein Versprecher zu hören sein sollte, macht nix, klingt ja authentisch.

Die meisten Podcasts müssen allerdings geschnitten werden. Das ist nicht so schwierig, man kann es lernen. Wenn Sie aber ein erfolgreiches Unternehmen führen oder gerade ein Unternehmen aufbauen oder als Freiberufler, Berater, Trainer, Coach, als Was-auch-immer-Consultant unterwegs sind, dann haben Sie möglicherweise nicht unbedingt den Nerv, die Zeit und das Talent, sich mit Audioschnitt zu beschäftigen. Dann empfehlen wir unbedingt einen Tontechniker!

Tontechniker sind oft für relativ kleines Geld zu buchen, viel weniger, als Sie vielleicht vermuten für diese wichtige Leistung. Nutzen Sie diese Expertise. Außerdem können sie den Job viel besser und schneller erledigen als man selbst. Und sie kennen sich in der Regel gut aus und geben gern Hinweise, um eine bessere Tonqualität zu erreichen.

Podcast-Jingle, Website und Hosting

Was ist überhaupt ein Jingle?

Ein Jingle ist eine Erkennungsmelodie einer Fernsehsendung oder Radiosendung, die den Hörer positiv einstimmt und einen Wiedererkennungswert hat. Wie bei der *Tagesschau* um 20 Uhr. Schon während der ersten Töne der Melodie wissen wir bereits, welche Sendung als Nächstes kommt. Oder beim *Tatort* am Sonntagabend …

Die Melodie sollte positiv zu Ihrem Thema passen und eingängig klingen. Wenn Sie nicht selbst zufällig Komponist sind und kein Lied komponieren können, dürfen Sie nicht beliebig irgendein Musikstück nehmen. Im Rahmen des Urheberrechts brauchen Sie ein Nutzungsrecht auch an einem kleinen Musikstück. Hier gibt es Onlinebibliotheken, wo Sie nach bestimmten Kriterien nach Musikstücken und -richtungen suchen können. Zum Beispiel nach einer positiven Melodie, etwas Ruhigem oder nach etwas Jazzigem oder einem klassischen Stück. Sie kaufen dann nicht das Musikstück, sondern das Recht, dieses zu nutzen. Diese Musikdatei kann der Tontechniker (oder Sie selbst) so bearbeiten, dass die Melodie circa 20 oder 30 Sekunden lang ist. So haben Sie Ihre eigene Erkennungsmelodie, über die dann die Einführung gelegt wird. Etwa so: »Herzlich willkommen zum Podcast soundso mit dem und dem Schwerpunkt …«, damit der Hörer, der das zum ersten Mal hört, bei der ersten Sendung schon weiß, wo er gelandet ist. Die Kosten für so eine Lizenz liegen bei 20 bis 40 Euro.

Ihre Erkennungsmelodie ist Ihre Audiomarke, das Audio-Logo Ihrer Marke, Ihres Podcasts, also Ihr musikalisches und verbales Logo. Es empfiehlt sich daher, die Einführung von jemand anderem sprechen zu lassen, damit der Unterschied zwischen Einführung und Inhalt klar hörbar ist. Auch am Ende Ihrer Sendung sollten Sie »Ihre Melodie« spielen, damit die Hörer wissen: Jetzt ist die Folge rum. Hier kann die Melodie ruhig kürzer sein als am Anfang. Die darübergelegte Stimme kann hier zum Beispiel auf Ihre Webseite verweisen oder einen Onlineshop oder was auch immer Sie anbieten.

Ihr visuelles Logo

Neben Ihrem Audio-Logo brauchen Sie auch ein visuelles Logo für Ihren Podcast. Das muss nicht groß sein, eher wie eine Briefmarke und quadratisch, was man auch als »Thumbnail« bezeichnet. Dieses kleine Bild ist Ihr visueller Anker. Wird dieser angeklickt, erscheint Ihr Bild »in Groß« und der Name Ihres Podcasts. Darunter steht die nähere Beschreibung des Podcasts. Auch dieses Bild müssen Sie nur einmal produzieren.

Dieses Logo sollte nicht völlig abweichen von Ihrem eigenen Firmenlogo, damit Sie wiedererkannt werden. Nehmen wir einmal an, Ihr Thema ist »Aussteigen aus dem Berufsleben«. Was assoziieren Menschen damit? Vielleicht Strandleben? Oder Sie sind eine Investmentgesellschaft, die einen Podcast macht, der Leuten beibringt, wie sie durch Ersparnisse irgendwann so viel Vermögen angesammelt haben, dass sie nicht mehr arbeiten müssen. Wie wäre es da mit einem visuell attraktiven Motiv? Vielleicht eine Palme zusammen mit dem Namen des Podcasts? Zum Beispiel: die Aussteigerfibel.

Sie sollten das Logo von einem Grafiker machen lassen (wenn Sie nicht selbst einer sind) oder einem Grafikstudenten. Meist sieht man auf den ersten Blick, ob ein Logo selbst oder von einem Profi kreiert wurde. Dieses Markenzeichen Ihres Podcasts taucht in Apps und auf dem Smartphone der Hörer auf. Daher ist die Qualität der Grafik so wichtig. Erstellen Sie Ihr Coverbild so, dass es auch in unterschiedlichen Größen gut aussieht. Sehen Sie sich Podcast-Coverbilder im Apple iTunes Store an. Sie bekommen dann ein Gefühl, was auf einer kleinen Fläche gut erkennbar ist

Eine eigene Webseite für Ihren Podcast

Es gibt verschiedene Möglichkeiten, einen Podcast zu veröffentlichen. Die einfachste und preiswerteste Art ist der Weg über die sogenannten Podcast-Hoster. Das sind Firmen, die Ihnen den Platz anbieten, auf den Sie Ihre Audiodateien hochladen, damit diese übers Internet abgerufen werden können. Der Podcast muss ja physikalisch irgendwo »liegen«, damit er über iTunes, Google Play und andere Anbieter abgerufen werden kann. Sie stellen die Datei in der Regel nicht selbst zur Verfügung, sondern müssen diese zum Download bereitstellen. Die komfortabelste, preiswerteste Möglichkeit dazu ist ein Podcast-Hoster. Dort liegt Ihre Audiodatei. iTunes ist also nichts anderes als eine Sammelplattform für die einzelnen Ablageorte; so eine Art Link-Verzeichnis für Podcasts. Das heißt, Ihr Podcast liegt auf dem Server Ihres Podcast-Hosters, und durch das Downloaden in iTunes wird der Link aktiviert und die Datei direkt vom Server (des Podcast-Hosters) heruntergeladen.

Warum sollte man einen Podcast-Hoster nutzen und nicht seinen eigenen Webspace oder die eigene Website? Aus zwei Gründen:

Erstens: Ein normaler Webhoster, der Webspace zur Verfügung stellt, hat eine gewisse größere Grundmenge an Datenspeicherplatz, also zum Beispiel ein Gigabyte. Und Ihre Website und alle Dateien, die Sie auf Ihrer Website haben, belegen dort diesen Platz. Wenn Sie einen Podcast veröffentlichen, legen Sie die Datei auch dort ab, dann belegt die Folge natürlich auch zusätzlich Platz. Wenn Ihre Folge 30 Minuten lang ist, dann benötigt sie 30 Megabytes an Platz. Am Anfang scheint das alles noch nicht viel; aber nach zehn Folgen sind schon 300 Megabyte belegt. Nach 30 Folgen ist Ihr Gigabyte voll. Für weitere Folgen müssten Sie jetzt Platz dazukaufen, und die Webseitenbetreiber, die solche Angebote machen, verkaufen diesen Platz meist relativ teuer. Plus: Ihre alten Folgen liegen ja da immer noch und kosten Sie dauerhaft diesen Speicherplatz.

Podcast-Hoster arbeiten nach einem anderen Geschäftsmodell: Sie erlauben auf ihrem Speicherplatz nur Audio- oder Videodateien in einem bestimmten Kontingent pro Monat. Nehmen wir als Beispiel 100 Megabyte. Wenn das der Vertrag wäre, könnten Sie 100 Megabyte pro Monat hochladen, und diese sind dann, solange Sie diesen Vertrag aufrechterhalten, für immer dort verfügbar. Wenn Ihre Podcast-Folgen-Bibliothek wächst, erweitern Sie den Vertrag immer wieder, bis Sie nach ein paar Jahren vielleicht schon 10 oder 20 Gigabyte besetzen und dort »lagern«.

Der zweite Grund, der für einen Podcast-Hoster spricht: Im Normalfall bieten die Podcast-Hoster ein Veröffentlichungstool, welches direkt mit der Plattform, zum Beispiel Apple iTunes, kommuniziert. Das heißt, beim Veröffentlichen wird automatisch die Verbindung zur Plattform hergestellt und Apple weiß: Es gibt hier eine neue Folge, und zeigt diese entsprechend auf der Sammelseite der Podcasts an, und zwar gleich zum Anhören bereit. Das Wichtigste ist aber, dass Sie »immer nur das Kontingent für den Monat«, zum Beispiel die 100 oder 200 Megabyte Ihres Vertrages, bezahlen, und das kostet Sie vielleicht fünf Euro im Monat. Jedes Mal, wenn Sie weitere Folgen dazuladen, zählen diese nicht zum alten, schon bestehenden Kontingent. Also nur die neuen Folgen zählen und die alten Folgen bleiben bestehen.

Von unserem Podcast liegen inzwischen mehrere Hundert Folgen auf dem Speicherplatz unseres Podcast-Hosters.

Ein weiterer Punkt, der für Podcast-Hoster spricht, ist – neben dem einfachen Einstellen der Folgen und dem unbegrenzten Speicherplatz – die üblicherweise sehr gute Bandbreite für massive Downloads. Wenn Ihr Podcast eine gewisse Popularität erreicht hat und jedes Mal, wenn eine neue Folge erscheint und mehrere Hundert bis mehrere Tausend Leute gleichzeitig 50 Megabyte-Dateien herunterladen, dann kann es passieren, dass ein »normaler Webseitenservice« Schluckauf bekommt und die Folgen nicht schnell genug oder mit Fehlern geladen werden. Podcast-Hoster haben im Normalfall eine ausreichende Infrastruktur, um gleichzeitig sehr viele Dateien und »Spitzen« abfangen zu können.

Nebenbei haben Sie auch noch die Möglichkeit, Ihren Podcast über Ihre eigene Webseite zu vermarkten.

Das ist wieder Ihre strategische Entscheidung:

Sie stellen den Podcast entweder separat als eigenes Informationsprodukt zur Verfügung oder integrieren ihn in *Ihre eigene Website*.

Die Entscheidung hängt davon ab, wie regelmäßig Sie senden wollen.

Ebenso davon, wie viele andere Publikationsformen Sie als »Publizist« in Form von Texten oder Artikeln oder anderen Formaten auf Ihre Website stellen.

Sie sollten hier sehr klar trennen. Den Podcast-Hörer interessiert nur der Audiopodcast, also die Audiodatei, und nicht irgendwelche anderen Beiträge oder Dateien, die ebenfalls bei ihm auftauchen, die er aber nicht abspielen kann oder will.

Wir haben uns damals entschieden, hier zu trennen, und die Podcast-Seite separat von unserer eigenen Firmenseite zu betreiben, um dann auch die Suche nach Inhalten und die Darstellung dieser Inhalte entsprechend anzubieten.

Wir wollten unsere Podcast-Hörer, die unsere Website anklicken, nicht verwirren mit anderen Angeboten, die sie nicht interessieren. Daher ist unsere GuerrillaFM-Seite eine reine Podcast-Seite, die sich »nur« um diese Folgen kümmert und nicht um weitere Themen, die wir auf unserer Firmenwebsite ebenfalls anbieten.

Ihr Podcast-Marketing

»Werbung für meinen eigenen Podcast?«, denken Sie jetzt vielleicht. Soll nicht Ihr Podcast Werbung für Sie machen?

Unabhängig davon ist es wichtig zu wissen, dass Ihr Podcast nicht »einfach so« von alleine gefunden wird. Podcasts werden über Vermarktungsplattformen gefunden. Die wichtigste ist hier immer noch der Apple Store. Anzuklicken über Apple iTunes beziehungsweise das Smartphone oder über eine Podcast-App. Natürlich gibt es auch andere stark wachsende Podcast-Plattformen wie zum Beispiel Podster, Podcast.de, Stitcher SoundCloud, Google PlayStore und viele mehr. Noch ist Apple mit dem Apple Store die wichtigste Plattform zum Vermarkten von Podcasts.

Es geht los: Alles ist so weit vorbereitet, damit Ihre Podcast-Folge nun bei Apple eingestellt werden kann.

Wählen Sie als Erstes die Kategorie aus, in der Ihr Podcast angezeigt werden soll. Apple unterteilt automatisch in verschiedene Kategorien. Sie können auch mehrere wählen, das ist aber nicht empfehlenswert. Warum? Es wirkt, als wäre die Kategorie »beliebig« ausgewählt. Unser eigenes Beispiel: Wir bieten einen Marketing-Podcast an und haben damals im Bereich Wirtschaft die Kategorie »Marketing« gewählt. Weil es mehrere Felder zur Auswahl gab, haben wir auch noch »Wirtschaft/Karriere« und noch weitere Kategorien angeklickt. Angezeigt wurde dann nicht »Wirtschaft/Marketing«, sondern »Wirtschaft/Karriere«. Daher ist unser GuerrillaFM-Marketing-Podcast unter »Wirtschaft/Karriere« zu finden, wenn man in diesen Kategorien sucht. Man findet ihn natürlich auch so, aber es ist lästig, wenn jemand nach einer speziellen Kategorie sucht und Ihren Podcast möglicherweise nicht findet, nur weil beim Einstellungsprozess willkürlich eine der Kategorien ausgewählt wurde.

Bitte widerstehen Sie der Versuchung in Apple iTunes und wählen Sie nur *eine* Kategorie aus, in der Ihr Podcast auf jeden Fall auftauchen soll.

Unterschiedliche Werbemaßnahmen

Neben der Onlinewerbung macht natürlich auch Offlinewerbung Sinn für Ihren eigenen Podcast.

Grundsätzlich gilt für alle Onlineprodukte, zusätzlich auch einen Offline-, also einen Kanal in der »realen« Welt, mitzubenutzen.

Online: Natürlich sollten Sie in Ihrer E-Mail-Signatur unbedingt deutlich auf Ihren Podcast hinweisen.

Sie könnten auch Google AdWords benutzen, um Hörer beziehungsweise potenzielle Kunden auf Ihre Podcast-Seite zu ziehen.

Der Podcast ist Ihre indirekte Werbung für Ihre Kompetenz, und Ihr Expertenstatus wird damit verstärkt. Nehmen wir an, jemand sucht eine Anleitung für Google AdWords und Sie bieten das an und haben bereits in Ihren Podcasts darüber informiert. Dann könnten Sie eine Landeseite bauen, auf der die zehn Folgen oder wie viele es auch immer sind von diesem Podcast-Thema erscheinen, und derjenige, der danach sucht, sieht künftig eine kleine Anzeige, die auf Ihre Landeseite geht. Dort sieht die Person Ihre einzelnen Podcasts dazu und kann diese anhören und Ihren Podcast sogar abonnieren. Damit hat diese Person gelernt, dass Sie etwas zum Thema AdWords zu sagen haben. Das können Sie auch mit anderen Themen machen und somit einen erheblich besseren Wirkungsgrad online erzielen.

Offline:
➤ Drucken Sie kleine Flyer, die Sie Ihrer Briefpost (so Sie welche haben) beilegen, wo Sie auf Ihren Podcast hinweisen.
➤ Auf Veranstaltungen können Sie Postkarten verteilen, die darauf hinweisen, dass es Ihren Podcast gibt.

> Sie können diese systematisch durch andere Verteilsysteme noch breiter streuen, sodass der Podcast auch in der physikalischen Welt wahrgenommen wird.

Viele verlassen sich darauf, dass die Werbung über die Kanäle funktioniert, die sowieso schon da sind, wie zum Beispiel der Apple iTunes Store. Sie sollten, gerade am Anfang, zusätzlich alles tun, um auch anderen Kontakten, mit denen Sie zu tun haben, etwas mitzugeben, woran sie sich erinnern können. Oder wodurch Sie sie neugierig machen, in Ihren Podcast hineinzuhören.

Die Offlinewerbung kostet Sie nichts extra, außer dem Druck. Auch bei Amazon finden Sie oft Werbung für andere Produkte in Ihren Paketen. Hier machen Sie auf Ihr eigenes Produkt aufmerksam.

Sie können zum Beispiel auch Aufkleber drucken und diese bei Veranstaltungen verteilen oder auf Ihre Visitenkarten kleben. Nutzen Sie alles, um so viele Leute wie möglich in Verbindung zu bringen und damit dann auf Ihr eigenes Angebot zu verlinken.

Wie können Sie systematisch neue Hörer gewinnen?

In Apple iTunes gibt es unter Podcasts eine Kategorie »Neu und beachtenswert«.

Wenn Sie neu senden, kann Ihre Folge ein oder zwei Wochen ganz oben auf der Podcast-Seite stehen! Wir hatten auch das Glück!

Hier einige Informationen, die viele nicht kennen:

Das Ranking eines Podcasts wird durch die Hörerzahl beeinflusst, also die Downloadzahl, aber auch durch die Anzahl der Abonnenten. Das heißt, ein Podcast, der *abonniert* wird, wird höher gewichtet als einer, der »nur« *gehört* wird.

Also: Ein Abo zählt mehr. Wenn der Podcast zusätzlich noch positive Rezensionen hat, dann ergibt das ein Dreigestirn, was bei Apple im Ranking dazu führt, dass ein Podcast entsprechend gut bewertet wird.

Nutzen Sie das für sich und fangen Sie gleich in Ihrem ersten Podcast an: Bitten Sie Ihre Hörer im Podcast gegen Ende um ihre Mithilfe, zum Beispiel: »Wenn Ihnen das gefallen hat, abonnieren Sie bitte meinen Podcast! Nächste Woche kommt eine neue Folge von ...« Bisher ist nur eine Folge online. Der Hörer hört Ihre erste Folge und fragt sich: »Warum soll ich das abonnieren, es gibt ja noch gar keine weitere Folge.« Dazu ein Tipp: Es ist ratsam, bevor Sie öffentlich senden, bereits mehrere Folgen schon fertig zu haben und diese alle auf einmal in Apple iTunes zum Tag eins online zu stellen. Folge eins bis sieben. Wenn Sie dann in jeder Folge darauf hinweisen, zu abonnieren, egal, welche der Hörer jetzt gerade hört, dann denkt er: »Oh, es gibt noch weitere Folgen, die abonniere ich jetzt.«

Sie können auch im Abspann Ihres Podcasts, vielleicht sogar mittendrin, eine Art Mini-Werbeunterbrechung machen für Ihren eigenen Podcast und den Hörer, der ja in den meisten Fällen Ihren Podcast kostenlos hören kann. Bitten Sie ihn um eine Fünf-Sterne-Bewertung oder eine Rezension, wenn ihm dieser Podcast gefällt. Viele Hörer geben auch gern etwas zurück und machen das für Sie.

Guerilla-Taktik für Podcaster

Und hier noch eine Guerilla-Taktik:

Bitten Sie Leute, die Sie kennen, sich in Fachforen als Nutzer anzumelden und Ihren Podcast vorzustellen. Sie selber können das nicht machen, aber ein anderer kann das ja für Sie tun.

Sprechen Sie alle Leute an, die Sie kennen und die Ihnen wohlgesonnen sind, und bitten Sie diese um ihre Mithilfe, um den Start Ihres neuen Podcasts positiv zu beeinflussen. Bitten Sie um Verlinkung, erwähnen Sie Ihren Podcast in Ihrem Blog/Newsletter!

Je mehr Hörer Sie in den ersten Tagen Ihres Starts haben, umso höher Ihr Ranking.

Wenn Sie bereits eine Weile regelmäßig einen Podcast senden, dann rutschen Sie in eine Kategorie, die immer da ist und auf der ersten Seite angezeigt wird, nämlich »Neue Folgen«. Das heißt, selbst wenn Sie »normal« senden, kommen Sie durch das regelmäßige Senden durchaus immer wieder mal in den Genuss von Hörern, die Sie sonst nicht finden würden.

Diese Regelmäßigkeit führt zu weiteren Hörern, die Sie sonst nicht hätten. Und alles zusammen führt dann dazu, dass Sie, wenn Sie konstant senden, sich auch konstant vermarkten – mithilfe Ihres Podcasts.

Ihr Podcast als Werbemittel für neue Kunden

Ein Riesenvorteil ist, dass Sie Ihren Podcast später auch in anderer Form verwerten können.

Zum einen könnten Sie potenzielle Interessenten für ein bestimmtes fachliches Thema, zum Beispiel Internetrecht, auf Ihre Podcast-Folgen hinweisen. Angenommen, Sie sind Anwalt, haben Besuch und es geht um Internetrecht. Dann schicken Sie ihm danach eine E-Mail:

>»Werter Herr Meier,
>
> vielen Dank für Ihren Besuch heute. Wie Sie vielleicht (noch) nicht wissen, senden wir regelmäßig zum Thema Rechtsfragen einen kostenfreien Podcast. Gerade zum Thema Internetrecht haben wir in den letzten Monaten einige interessante Folgen aufgenommen, die vielleicht die eine oder andere Frage für Sie beantworten. Hören Sie doch mal rein!«

Und dann kommen die Links: Folge eins, zwei, drei, vier. »Mit freundlichen Grüßen ...« Was ist der Effekt? Natürlich kann es sein, dass er es tatsächlich anhört und dann sagt: »Oh, toll, jetzt habe ich was gelernt.« Aber der größere Effekt ist: Selbst wenn er es nicht hört, denkt er, Sie müssen Ahnung haben, weil Sie regelmäßig zu dem Thema senden (selbst wenn er es gar nicht oder nur kurz reingehört hat. Wenn Ihr Interessent oder Kunde sogar reinhört, noch besser: Dann hört er, dass Sie Ahnung haben, und denkt: »Der hat richtig Ahnung, der macht darüber eine Sendung. Ich habe viel verstanden und gelernt über Internetrecht, ohne dass ich 150, 350, 500 Euro die Stunden zahlen muss, um mir das erklären lassen zu müssen von meinem Anwalt. Aber wenn ich eine Frage habe – da sitzt der Experte!« Und dann kann es passieren, dass derjenige Sie weiterempfiehlt, wenn jemand ihn fragt, ob er zu dem Thema jemanden kennt.

Vielleicht denken Sie jetzt: »Besteht da nicht die Gefahr, dass ich dann gar nicht mehr beauftragt werde, weil alle Fragen bereits durch den Podcast beantwortet werden?«

Ein berechtigter Gedanke. Viele Menschen denken so. Wir denken, dass genau das Gegenteil der Fall ist. Wenn man den Leuten erzählt, was sie tun sollten, dann hören sie es und sagen sich: »Ja, das wäre also jetzt die Lösung.« Nur: Oft kann oder will der Fragende es gar nicht selber lösen. Selbst wenn ihm jemand sagt, worauf er achten muss beim Urheberrecht, kann er trotzdem nicht exakt bewerten, ob sein Impressum jetzt wirklich Urheberrechts- oder rechtssicher ist oder ob er mit dem Bild für sein Produkt in seinem eBay-Shop das Urheberrecht von jemandem verletzt. Das heißt, die ganzen Details und speziellen Fragestellungen, die individuell entstehen, kann der Podcast alleine nicht beantworten.

Was der Podcast und diese Form der Sendung liefert, ist, dass er dem Hörer vermittelt: Diese Person hier hat richtig Ahnung! Je mehr Sie Ihr Wissen mitteilen, desto höher ist die Wahrscheinlichkeit, dass Menschen Sie als kompetent einschätzen und sagen: »Den engagiere ich jetzt mal!«

Eine weitere Möglichkeit, Ihren Podcast werbemäßig zu nutzen, ist, einzelne Folgen zu einem Thema zusammenzuschneiden und auf CDs anzubieten. Nicht jeder will MP3 und Podcast auf seinem Smartphone haben und dort hören. Vor allem für ältere Menschen ist das oft nicht das ideale Werbemedium. Hier kann der Toningenieur, oder Sie selber, Folgen zusammenschneiden, die zu einem Thema gehören.

Vielleicht kommen sogar mehrere CDs dabei heraus, eine ansprechende Verpackung drum herum und eine kleine Auflage von vielleicht 50 Stück fürs Erste. Jedes Mal, wenn Sie jemanden treffen, den es gerade interessiert, oder bei Kennenlerngesprächen, verschenken Sie Ihre CD oder CDs. Vielleicht denken Sie: »Das ist doch aber sehr ›oldschool‹, aber wie bereits erwähnt, gibt es (noch) viele Menschen, für die eben das ein interessantes Alternativmedium zu den elektronischen Formaten ist. Und – nicht zu vergessen: Auch hier tun Sie wieder etwas für Ihren Expertenstatus.

Früher war es viel aufwendiger, Marketing zu machen. Warum? Die professionell gestalteten Werbemittel kosteten viel Geld, weil man große Auflagen drucken musste. Sie konnten nicht einfach nur 50 CDs produzieren, Sie mussten gleich 10 000 Stück machen. So viele konnten Sie wahrscheinlich nicht anbringen, und dann wurden nach einer Weile 90 Prozent davon entsorgt, weil sie inzwischen überholt waren. Alleine eine professionell produzierte CD-Hülle war teuer, wenn Sie keine hohe Auflage hatten. Heute ist das anders. Dank Digitaldruck und Spezialisten können Sie schon für drei Euro einen Karton bekommen, der genauso gut aussieht wie die Kartonage von einem professionellen Anbieter.

Ein Zusammenschnitt auf CD vermittelt eine ganz andere Wertigkeit als ein Download, gerade auch durch die Verpackung und das haptische Element, das Gefühl, etwas in der Hand zu haben.

Denken Sie einmal nach: Gibt es Menschen, die bereit sind, den kostenlosen Podcast für einen bestimmten Betrag auf CD zu kaufen, um dieses physische Produkt zu bekommen?

Übrigens, auch Blogger nutzen inzwischen ihre Blogbeiträge, die sie über Jahre geschrieben haben, auf diese Weise: Sie suchen sich die Beiträge heraus, die thematisch zusammengehören, packen diese in ein schönes Layout und machen daraus ein Buch oder ein E-Book, das sie verkaufen.

Ich kenne zum Beispiel einen Fotografen, der in seinem Blog sehr viele Fragen von Fotografen beantwortet hat und die wichtigsten 1 500 Fragen in ein Buchformat gebracht hat. Die gleichen Fragen sind parallel immer noch online nachzulesen. Das Buch ist sehr erfolgreich, und das, obwohl die Käufer diese gleichen Fragen und

Antworten auch im Internet lesen können. Warum? Manch einer will lieber in ein Buch statt auf einen Bildschirm gucken, ein anderer ist einfach zu faul und gibt lieber 15 Euro aus und bekommt die Informationen gebündelt, statt mühsam am Bildschirm aus einer Leseliste alles zusammensuchen zu müssen.

Das ist wie beim Essen, bei zubereiteten Mahlzeiten: Mancher geht lieber essen und lässt jemand anderen die Zutaten zubereiten, aus denen er sich auch selber für einen Bruchteil des Preises eine Mahlzeit hätte kochen können. Damit verdient ein Koch sein Geld.

Beim Publizieren Ihres Podcasts nehmen Sie Ihre Zutaten, nämlich die produzierten Inhalte, und machen daraus ein neues Produkt.

Auftritt in anderen Podcasts

Eine dritte, sehr interessante Möglichkeit der Vermarktung ist, als Interviewpartner in anderen Podcasts aufzutauchen. Früher war es ja besonderen Experten vorbehalten, in Radio- und Fernsehbeiträgen zu erscheinen. Heute können Sie zu Spezialthemen in Podcasts von anderen Podcastern eingeladen werden. Und wenn Sie dort als Interviewpartner zu Gast sind, gibt es natürlich die Verlinkung auf Ihren eigenen Podcast. Sie erwähnen in dem Beitrag einfach Ihren eigenen Podcast. Der Moderator des Podcasts sagt dann zum Beispiel: »Herr Owen hat einen ganz spannenden Podcast, hört doch mal da rein.« Auch so kommen Sie zu weiteren Hörern, die Ihren Podcast kennenlernen. Sozusagen im Huckepack-Marketing …

Welche Technik brauche ich für einen Podcast?

Kommen wir zum Thema technische Voraussetzungen für Ihren Podcast. Was gibt es hier zu beachten? Eine ganze Menge …

Sie sind gut vorbereitet, haben sich so viel Mühe gegeben, einen spannenden Inhalt zusammenzustellen. Doch der beste Inhalt nützt nichts, wenn die Technik dahinter nicht richtig funktioniert. Sie haben wertvolle Informationen, die Sie unterhaltsam vermitteln, aber die Stimme klingt verzerrt. Eine Stimme ist lauter als die andere. Oder es brummt. Oder man hört Hintergrundgeräusche, die stören. Oder die ganze Aufnahme klingt übersteuert. Viele Elemente spielen hierbei eine Rolle. Schlechte Tonqualität macht aber Ihre ganze Aufnahme kaputt, die Sie so viel Mühe gekostet hat.

Wenn Sie nun einen Audiopodcast machen, ist neben einem spannenden Inhalt die wichtigste technische Voraussetzung eine einwandfreie Tonqualität. Diese lässt sich durchaus mit einem moderaten Aufwand erzeugen.

Studio – ja oder nein?

Vielleicht denken Sie: »Muss ich mir jetzt etwa auch noch ein Tonstudio einrichten?« Tja … Wenn Sie die *allerhöchste* Qualität, die überhaupt möglich ist, erreichen wollten, dann müssten Sie in ein Tonstudio gehen (falls Sie nicht doch selber eins »bauen« wollen, manche Männer haben ja ein Faible dafür). Die Nachteile des Tonstudios sind zum einen die Kosten (Miete, Toningenieur), zum anderen Ihr Zeitaufwand. Tonstudio-Mieten liegen vielleicht bei 20 bis 30 Euro die Stunde. Dazu kommen die Kosten für einen Toningenieur, der während der Aufnahme die Aufnahmegeräte bedient, vielleicht noch mal 20 bis 40 Euro die Stunde. Dann kommen natürlich noch die Kosten für Ihren eigenen Zeitaufwand hinzu. Je nachdem, was Sie die Stunde »wert« sind und je nach Fahrzeit zum Studio schlagen diese Kosten auch noch zu Buche. Die Vorbereitungszeit benötigen Sie ja so oder so, egal, wo Sie den Podcast aufnehmen. Bevor die Sendung jetzt überhaupt losgeht und später geschnitten wird, haben Sie bereits schon 70 bis 80 Euro an Kosten produziert. Allerdings bekommen Sie dafür auch die bestmögliche Tonqualität. Nun stellt sich die Frage, ob Ihre Hörer den Unterschied in der Tonqualität im Vergleich zu einem Nicht-Tonstudio zwingend hören. Und ob das die Qualität für Ihre Hörer so negativ beeinflusst, dass Sie die Auswirkungen spüren würden.

Wir denken, dass die Qualität im Vergleich zu einem gut ausgestatteten privaten Aufnahmeequipment nicht so viel schlechter ist, dass der Unterschied so deutlich hörbar ist.

Wir nehmen unseren eigenen Podcast übrigens in unserem »eigenen Tonstudio«, sprich Büro auf. Dort haben wir unser Equipment immer auf Abruf bereit. Obwohl der Raum nicht zu 100 Prozent optimal geeignet ist (Dielen-Fußboden, keine Textilien wie zum Beispiel Rollos oder Ähnliches, manchmal eine gluckernde Heizung), ist die Qualität doch ordentlich genug, dass sich noch kein Hörer beschwert hat.

Das private Aufnahmeequipment

Wenn Sie sich nun entschieden haben, doch (noch?) nicht in ein Studio zu gehen und in ein eigenes Aufnahmeequipment zu investieren, sollten Sie ein paar technische Dinge beachten.

Mikrofon

Alles fängt beim Mikrofon an. Dort sprechen wir hinein und von dort wird unsere Stimme eine Aufnahme. Es gibt noch eine andere Möglichkeit, auch wenn sie Ihnen jetzt vielleicht etwas abwegig scheint: Wenn Sie zum Beispiel ein iPhone nutzen (wir nehmen dieses nur als Beispiel, weil wir es selber nutzen und uns daher am besten damit auskennen), dann können Sie sich für drei bis fünf Euro eine App kaufen und können jetzt die Freisprecheinrichtung über Ihren Kopfhörer verwenden, die Apple kostenlos mit dem Kopfhörer des Telefons mitliefert, denn da ist ja ein Mikrofon dran. Wenn Sie zum Beispiel in einem ruhigen Raum sitzen und sprechen, wird Ihre eigene Stimme aufgezeichnet. Die Aufnahmequalität, also die Wandlung von analogem Signal zu digitalem Signal, ist bei diesem Telefon von Apple sehr gut. Das heißt, dabei kommt eine brauchbare Audioaufnahme heraus, allerdings mit einer Einschränkung: Es ist natürlich nur *Ihre* Stimme, die zu hören ist.

Sollten Sie einen Solo-Podcast machen wollen, dann kann Ihnen das für den Anfang schon reichen und durchaus eine brauchbare Qualität erzeugen. Wenn Sie also nur sehr geringe Geldmittel zur Verfügung haben, dann können Sie durchaus auch mit wenigen Mitteln schon einmal anfangen. Also, keine Ausreden!

Wie Sie schon gemerkt haben, können Sie auf diese Art und Weise keinen Dialog aufnehmen, weil nur eine einzige Stimme aufgezeichnet werden kann.

Eine weitere Begrenzung bei dieser Art der Aufnahme ist, dass Sie keinen Audioschnitt machen können. Wenn Sie sich versprechen oder verhaspeln, müssen Sie wieder von vorne anfangen. Und dennoch: Für den Anfang ist es besser als nichts.

Aufnahmegerät

Wenn Sie doch die Interviewform für Ihren Podcast bevorzugen, wäre unsere erste Empfehlung, ein Aufnahmegerät zu kaufen, an das Sie zwei hochwertige Mikrofone anschließen können. Damit können Sie dann zwei Stimmen aufnehmen. Es gibt solche Geräte übrigens auch in portabler Form, sodass Sie jemanden besuchen und Interviews aufzeichnen können. Solche portablen digitalen Audiorekorder liegen preislich ungefähr zwischen 200 und 400 Euro. An Ihre kleine Aufnahmeeinheit, die auch batteriebetrieben funktioniert, schließen Sie zwei Mikrofone an und los geht's mit Ihrem Interview. Das ist die wahrscheinlich einfachste Form, um eine Audiodatei zu erzeugen, die Sie später von jemand anderem bearbeiten lassen.

Nun benötigen Sie noch zwei weitere wichtige Dinge:

Ein Stativ, auf dem das Mikrofon befestigt ist, und natürlich ein entsprechend gutes Mikrofon. Unabhängig davon, für welches Aufnahmegerät Sie sich entscheiden, gibt es verschiedene Mikrofonmodelle, die Sie daran anschließen können. Zum Teil haben die Mikrofone unterschiedliche Anschlüsse.

Als Standard in der professionellen Welt gilt der Anschluss XLR; das ist ein Stecker mit drei Zapfen, der in professionellen Tonstudios und in professionellen Aufnahmesituationen im Normalfall verwendet wird.

Der zweite Standard ist ein entsprechender Klinkenstecker. Das sind die ganz kleinen Stecker, die viele vielleicht durch ihre Kopfhörer kennen. Dann gibt es auch größere Klinkenstecker, die man in ein entsprechendes Gerät stecken kann. Gute Aufnahmerekorder und gute Aufnahmeinterfaces bieten die Möglichkeit, sowohl ein XLR- als auch ein entsprechendes Klinken-Mikrofon zu verwenden. Somit sind Sie freier in der Wahl, welches Mikrofon Sie benutzen. Vielleicht haben Sie ja auch eins vorrätig.

Computer als Aufnahmegerät

Die nächste Möglichkeit ist, dass Sie Ihren Computer als Aufnahmegerät benutzen. Die meisten Menschen nutzen ja einen Computer, und die meisten, die einen haben, haben damit auch die Möglichkeit, ein USB-Mikrofon anzuschließen. Damit ist die Einheit zur Umwandlung von analog zu digital bereits vorhanden. Das Mikrofon bekommt den Strom über den USB-Anschluss. Der Computer erkennt dieses als Mikrofon und benutzt das bessere Mikrofon, das Sie angeschlossen haben, mithilfe der entsprechenden Systemeinstellung. Dort können Sie einstellen, dass das extern angeschlossene Mikrofon als Aufnahmekanal genutzt wird – anstelle des Mikrofons, das in Ihrem Computer oder Ihrem Bildschirm oder wo auch immer einbaut ist.

Diese USB-Mikrofone gibt es wiederum in zwei Versionen: Zum einen als sogenannte Großmembran-Mikrofone und zum anderen als dynamische Mikrofone. Was ist der Unterschied? Ein Großmembran-Mikrofon erzeugt nahezu den besten Klang der Stimme.

Es hat einen Nachteil, nämlich dass es auch jedes andere Geräusch aufnimmt. Wenn Sie sich mit einer Person unterhalten und diejenige raschelt leise mit ihrem Papier oder macht irgendein Geräusch, vielleicht weil sie einen Schluck Wasser trinkt, dann ist dieses Geräusch in der Aufnahme zu hören. Vielleicht hören Sie das nicht, wenn Sie die Aufnahme auf Ihrem Computer abspielen und »nur nebenbei«

zuhören. Man hört es aber, wenn man den Podcast über einen Kopfhörer hört, was ja die meisten Menschen machen. Das ist jetzt nicht unbedingt schlimm.

Fakt ist: Ein Großmembran-Mikrofon ist grundsätzlich ein hochsensibles Mikrofon, das jedes noch so leise Geräusch aufnimmt. Übrigens werden diese Art Mikrofone in Sprecherkabinen in Aufnahmestudios verbaut. In einem Studio hört der Sänger oder Sprecher über einen Kopfhörer, den er trägt, die restliche Akustik, während seine eigene Stimme in einer schallisolierten Sprecherkabine aufgenommen wird. Komplett ohne Störgeräusche, nur die Stimme pur. Grundsätzlich sind also diese Mikrofone für Aufnahmen die besten überhaupt, aber wenn man keine Sprecherkabine hat, lebt man mit dem Nachteil der unterschiedlichen Geräusche, die das Ding mit aufnimmt.

Die Alternative dazu ist ein sogenanntes dynamisches Mikrofon. Dieses macht nichts anderes, als nur die Geräusche aufzunehmen, die in nächster Nähe zum Mikrofon auftreten. Wenn Sie ein dynamisches Mikrofon verwenden, dann dürfen Sie maximal 15 Zentimeter vom Mikrofon weg sitzen, eher noch weniger. Alles, was weiter entfernt ist, nimmt dieses Gerät nahezu nicht auf. Durch diesen sehr engen, begrenzten Aufnahmebereich sind Störgeräusche wie Straßenverkehr oder anderes fast nicht mehr zu hören. Solche Mikrofone benutzen zum Beispiel Reporter. Daher müssen sie das Mikro auch immer ganz nah vor sich halten. Im Gegensatz zu einem Großmembran-Mikrofon wird hier keine Raumakustik mit vermittelt.

Das ist der Grund, warum sich ein dynamisches Mikrofon für einen Podcast sehr gut eignet. Denn es zeichnet nur die Sprecherstimme auf, fast nichts anderes.

Beide Typen von Mikrofonen gibt es in allen Varianten, angefangen bei sehr preiswert von vielleicht 50 bis 60 Euro, aufwärts bis zu dynamischen Mikrofonen, die bei etwa 70 bis 80 Euro anfangen. Wie so oft sind den Preisen nach oben keine Grenzen gesetzt.

Wenn Sie als Podcaster eine sehr gute Audioqualität erreichen möchten, wenn Sie wissen, dass Sie regelmäßig senden werden und Sie die Mittel haben, dann sollten Sie sich für ein dynamisches Mi krofon für rund 200 Euro entscheiden. Das ist für die meisten Podcasts mehr als ausreichend. Von der Grundfunktionalität her sind das die gleichen Mikrofone, die auch Radiosprecher nutzen. Natürlich gibt es noch teurere und noch bessere Mikrofone in einem Sender, aber grundsätzlich erfüllt ein Modell ab etwa 200 Euro dieselben Anforderungen wie ein Studiomikrofon. Damit können Sie Aufnahmen von richtig guter Tonqualität für Ihre Hörer erzeugen.

Die Stimme – von analog zu digital

Die Stimme ist eine Schallwelle. Wenn sie auf eine sogenannte Kapsel trifft, beim Mikrofon auf die entsprechende Mikrofonmembran, dann fängt sie an zu schwingen. Diese Schwingungen werden in elektrische Signale übersetzt. Und diese kleinen elektrischen Signale müssen jetzt irgendwie in den Computer kommen, früher auf Magnetband. Nur kann der Computer keine Schallwelle hören. Diese müssen erst gewandelt werden, damit er sie erkennen kann. Das passiert, wenn unsere Stimme das, was wir sprechen, über ein Mikrofon in ein elektrisches Signal verwandelt wird. Das nennt man Analog-Digital-Wandler oder Analog-Digital-Interface. Unsere »analoge« Stimme wird also in digitale Daten übersetzt.

Um noch einmal auf die USB-Mikrofone einzugehen: Wie schon erwähnt, hat ein entsprechendes USB-Mikrofon bereits oft einen eingebauten Analog-Digital-Wandler. Der Vorteil: Es ist kein Extragerät nötig. Der Nachteil: Es können nur so viele zusätzliche Mikrofone angeschlossen werden, wie USB-Anschlüsse am Computer frei sind. Wenn da bloß zwei sind und ein Anschluss ist noch aus irgendeinem anderen wichtigen Grund belegt, dann können Sie nur ein Mikrofon anschließen. Und selbst wenn Sie zwei anschließen könnten, kann es sein, dass der Computer Probleme bekommt, zum Beispiel durch Verzögerungszeiten. Damit sind sogenannte Latenzzeiten gemeint, also die Zeit vom Ich-spreche-Schon bis zum Aufnahmestart. Hier können Computer, je nach Typ und Modell, ab einer gewissen Menge von Tonspuren Schwierigkeiten bekommen, die sich darin zeigen, dass die Aufnahme stockt und technisch nicht sauber aufgezeichnet wird.

USB-Mikrofone verfügen im Normalfall über einen eingebauten Analog-Digital-Wandler, was die Sache erst mal sehr preiswert macht.

Der einzige Nachteil: Sie sind auf die technische Spezifikation des eingebauten Analog-Digital-Wandlers angewiesen. Wenn Sie also etwas Besseres haben wollen, müssen Sie sich für einen anderen Mikrofontyp entscheiden. Wenn Sie einen besseren Analog-Digital-Wandler wollen, kaufen Sie ein besseres Mikrofon.

Wenn Sie das trennen, so, wie man es im Studio auch macht, dann hätten Sie ein Mikrofon (XLR oder Klinke) *und* einen Analog-Digital-Wandler. Dieser ist unabhängig vom Mikrofon nutzbar und jederzeit ersetz- oder austauschbar.

Auch der Analog-Digital-Wandler hat heute im Normalfall einen USB-Anschluss. Je nach Modell gibt es eine unterschiedliche Anzahl von Eingangsports oder Schnittstellen. Und das wiederum ist wichtig, wenn Sie mehr als zwei Stimmen aufzeichnen wollen.

Nehmen wir einmal das Beispiel Musik. In einer Band gibt es fünf Instrumente und einen Leadsänger, da sind wir plötzlich bei sechs verschiedenen Kanälen, die aufgezeichnet werden müssen. Sie bräuchten also sechs Schnittstellen, um alle parallel aufzuzeichnen. So viele Schnittstellen hat ein Computer normalerweise nicht. Deshalb kauft man eine separate Box, bei der diese Schnittstellen vorhanden sind. Im Prinzip ist das wie eine Art »Audio-Mehrfachsteckdose mit Intelligenz«. Um bei unserer Band zu bleiben: Die Stecker der sechs Mikrofone und gegebenenfalls weitere Audioquellen werden in die Buchsen des Wandlers gesteckt, und dieser übernimmt dann die parallele Verarbeitung von den elektrischen Signalen in die Computerkommunikation und überträgt diese in den Computer.

So funktioniert ein Analog-Digital-Wandler. Er wandelt die kleinen elektrischen Ströme des Mikrofons in Signale, die dann auf dem Computer mit der entsprechenden Audiosoftware verarbeitet werden können.

Software zum Podcasten

Audioprogramme

Nur in den seltensten Fällen kann man eine Aufnahme veröffentli-chen, ohne dass sie erst einmal bearbeitet wurde. Für diese Nachbe-arbeitung brauchen Sie ein Softwareprogramm.

Zunächst macht ein Softwareprogramm aus Ihrer Aufnahme, die vom Mikrofon über einen Analog-Digital-Wandler in den Computer kommt, eine Audiodatei. Diese kann nun bearbeitet werden.

Je nach Computermodell ist manchmal bereits eine Aufnahme-software vorhanden. Wenn Sie einen Apple-Computer besitzen, finden Sie dort standardmäßig eine Aufnahmesoftware namens GarageBand installiert (in Anlehnung an Bands, die in der Garage begannen und dann populär wurden).

Mit dieser Software können Sie mehrere Spuren parallel aufneh-men, als würden Sie mehrere Audiosignale unabhängig voneinander aufzeichnen. Also Sprecher eins, Sprecher zwei, Sprecher drei werden alle als eine eigene Tonspur aufgezeichnet. Das macht den Schnitt hinterher einfacher. Denn wenn die Audioaufnahme geschnitten werden muss und jede Sprecherquelle eine eigene Aufzeichnungs-spur ist, kann der Toningenieur besser arbeiten und entsprechend in-dividuell regeln. Er kann zum Beispiel die Stimme, die zu leise klingt, etwas lauter machen, und die, die vielleicht zu laut ist, etwas leiser.

Natürlich gibt es noch viele ähnliche Programme. Neben Garage-Band gibt es für den Mac zum Beispiel Logic Pro X. Während Ga-rageBand kostenlos ist, kostet Logic Pro X rund 200 Euro. Das ist allerdings eine Profisoftware, die nicht nur Aufnahmen macht, sondern auch den kompletten Aufnahmeschnitt. Damit kann man sowohl Musik als auch Sprach-Audiopodcasts in allen Formen erzeugen.

Das ist genau das Richtige für jemanden, der sagt: »Ich brauche keinen Toningenieur, ich will nicht nur aufnehmen, ich will selber auch den Audioschnitt machen.« Hier gibt es viele Spuren parallel mit Einspielern, mit Songs, mit Musik, mit Jingles, mit allem Drum und Dran. Vielleicht ist das auch ganz nett für jemanden, der sich an das Thema herantasten will.

Das Gleiche gilt für ein Produkt aus dem Hause Adobe. Da gibt es ein Programm, das nennt sich Adobe Audition. Diese Software gibt es für den PC und den Mac, sie ist ebenfalls ein Aufzeichnungs-und-Schnitt-Programm, mit dem Sie beides machen können.

Und dann gibt es noch eine Unmenge anderer Programme, der Vollständigkeit halber seien hier noch ein paar erwähnt: »Cubase« von Steinberg etwa. Dann gibt es ein kostenloses Programm für Aufnahme und Schnitt für PC, Mac und Linux, das nennt sich Audacity. Und es gibt bestimmt noch weitere Aufnahmeprogramme und kleine Schnittprogramme, die man in entsprechenden Softwareforen findet, mit denen man ebenfalls vernünftig Podcasts bearbeiten kann.

Der Podcast-Hoster

Wir hatten ja schon die Vorteile der Nutzung von Podcast-Hostern aufgezählt. Hier sticht vor allem die Kostenseite positiv heraus. In diesem Technik-Kapitel seien sie daher noch einmal kurz erwähnt,

Wir empfehlen unbedingt, einen Podcast-Hoster einzusetzen, um den unlimitierten Speicherplatz zu nutzen. Es gibt eine Handvoll Podcast-Hoster am Markt. Immer wieder kommen neue hinzu. Wenn Sie in Google eingeben »Podcast Hosting«, dann finden Sie entsprechende Anbieter. Die wichtigste Frage ist das Preis-Leistungs-Verhältnis: Was bekomme ich dafür, wie zuverlässig ist der, wie lange ist der schon am Markt et cetera? Der Podcast-Hoster ist nichts anderes als jemand, der Ihnen Platz zur Verfügung stellt, damit Ihre Podcasts von dort heruntergeladen werden können. Hier ist der Ort, die Plattform, wo der Hörer Ihre Datei findet. Die momentan wichtigste Plattform ist die von Apple, die iTunes-Plattform, weil bei iTunes der Podcast-Anbieter, also in dem Fall derjenige, der den Podcast produziert und sendet, die Sendungen dort kostenlos anbieten und der Hörer diese Sendung kostenlos herunterladen kann. Auf der Apple-Seite finden Sie auch genaue Anleitungen und FAQs.

Natürlich besteht auch die Möglichkeit, mit Ihrem Podcast pro Folge Geld zu verdienen. Sie können einen Preis pro Folge definieren, zum Beispiel 99 Cent pro Folge (ähnlich wie bei Musiktiteln, die man gegen Geld lädt). Kostenfrei oder gegen Geld? Das ist allein Ihre Entscheidung und hängt mit Ihrer Gesamt-Marketingstrategie zusammen.

Es gibt auch noch andere Plattformen. Manche sind Nischenplattformen, nur für Podcaster, es gibt Stitcher, SoundCloud, dann gibt es Google Store, den Google Play Store und weitere Plattformen, die Podcasting als Kanal anbieten.

Vergleichen Sie das mit dem Produzieren einer Zeitschrift: Hier ist das Produkt (die Zeitschrift), das über verschiedene Vertriebsgesellschaften verteilt wird. Genau das machen diese Plattformen auch: Sie verteilen ihre Podcasts an die Hörer, versprechen sich davon natürlich mehr Besucher, und die Besucher wiederum bekommen Inhalte geliefert, die sie für sich nutzen.

Einen Podcast publizieren – so geht es!

Nun wissen Sie schon eine ganze Menge zum Thema Podcast, aber noch fehlt die Praxis. Alles schön und gut mit den vielen Marketingtipps und den technischen Ausführungen, doch wie genau geht das jetzt? Fangen wir also ganz von vorne an und gehen Schritt für Schritt durch, wie man einen Podcast publiziert.

Was brauchen Sie?

1. Inhalte
2. Die Audiodatei (MP3)
3. Einen Tag-Editor
4. Einen Podcast-Hoster
5. Eine Podcast-Plattform
6. Ihre Website

1. Inhalte

In den vorangegangenen Kapiteln haben wir ausführlich über die technische und inhaltliche Vorbereitung für einen Podcast gesprochen. Deshalb gehen wir an dieser Stelle davon aus, dass Sie eine oder mehrere Folgen aufgenommen haben, mit welchem der vorgestellten Tools auch immer.

2. Die Audiodatei (MP3)

Diese eingesprochenen Texte versehen Sie am besten sofort mit einer Dateibezeichnung, die Ihnen das Ablegen, Sortieren und Wiederauffinden leicht macht.

Wir gehen zum Beispiel so vor:

➤ GFM steht für GuerrillaFM
➤ Dann die Nummer der Folge, hier die 371
➤ Dann der Titel

Die Datei heißt dann nach der Aufnahme zum Beispiel so:
gfm-folge-371-sechs-tipps-fuer-besseres-marketing.wav
Wenn Sie den Dateinamen erzeugen, denken Sie daran, dass Sie idealerweise keine deutschen Sonderzeichen (Umlaute, ß et cetera) verwenden, sondern diese Sonderzeichen ausschreiben (für = fuer). Ebenfalls empfiehlt es sich, dass Sie Leerzeichen durch einen Unterstrich oder Bindestrich ersetzen. Damit verhindern Sie Störungen beim Herunterladen oder bei den Links, die später erzeugt werden.

Die Audiodatei wird bei der Aufnahme im Normalfall im WAV-Format abgespeichert. Diese Datei hat die höchste Qualität, ist dann aber meist viel zu groß; Ihr Speicherplatz wäre bald aufgebraucht, zumal wenn Sie zum Beispiel jede Woche eine Sendung produzieren, denn da kommen schnell erstaunliche Datenvolumina zusammen.

Konvertieren oder speichern Sie also die Datei ins MP3-Format, das reduziert den Umfang ungefähr um den Faktor zehn. Wenn Sie

Ihre Aufnahmen auf dem Mac oder PC vornehmen, dann können Sie diese Formatumwandlung direkt aus dem Aufnahmeprogramm heraus vornehmen.

Wenn Sie das hinterher erledigen müssen, gibt es eine ganze Reihe von Tools, unter anderem den Online Audio Converter(http://online-audio-converter.com/de/), der diesen Job sogar im Browser erledigt.

Diese App unterstützt sehr viele Formate, verarbeitet Ihre Dateien schnell und erfordert keinerlei Installation. Die Anwendung ist denkbar einfach: Laden Sie die Originaldatei hoch, wählen Sie das gewünschte Format und die Qualität aus und laden Sie die Ausgabedatei auf Ihren PC oder Mac.

Wählen Sie 128 Kilobit pro Sekunde, also die Standardqualität für Podcasts, die reicht für den normalen Gebrauch vollkommen aus.

Wenn Sie wie wir mit einem Toningenieur arbeiten, dann liefert dieser Ihnen sowieso die Datei auf Wunsch als MP3-Version.

3. Der MP3-Tag-Editor

Nun ist die Audiodatei fertig und Sie können sie mit einem entsprechenden Player abspielen, der fast immer auf Ihrem PC, Smartphone oder Mac vorinstalliert ist. Aber das reicht uns ja nicht; wir wollen, dass die Datei weltweit für unsere Hörer zur Verfügung steht. Zunächst jedoch statten wir sie mit weiteren Informationen aus, denn ansonsten würde sie auf der Abspielplattform (zum Beispiel iTunes) nackt aussehen, ohne weitere Angaben zum Produzenten und zum Inhalt.

Ein kleines Tag-Programm wie zum Beispiel Mp3tag oder The Godfather – beides Freeware und zum Beispiel über www.chip.de downloadbar – übernimmt diese Aufgaben. Mithilfe dieser Programme erstellen und editieren Sie alle Titelinformationen (sogenannte ID3-Tags) von Audio- oder Musikdateien.

In allen Programmen sind verschiedene Text- und Bildfelder angelegt, die es nun auszufüllen gilt.

Für den Mac gibt es auch mehrere Programme. Früher verwendeten wir das kostenlose Tagger, seit einiger Zeit benutzen wir Tagr
(9,99 Euro).

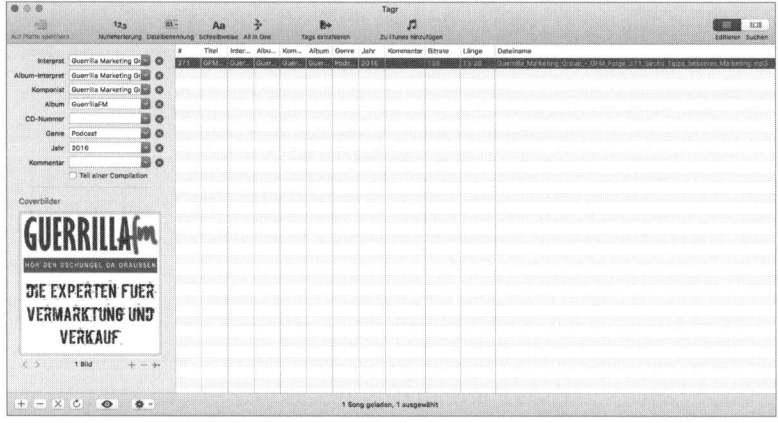

Publizieren mit dem MP3-Tag-Editor Tagr

Als Albumtitel wählen Sie den Titel Ihrer Podcast-Reihe, bei uns
GuerrillaFM.

Dann folgen der Titel der jeweiligen Folge, Angaben zum Produ-
zenten/zu den Autoren und eine Beschreibung Ihres Podcasts, vielleicht auch Ihres Unternehmens. Nicht zu lang, aber prägnant und
unmissverständlich.

Angaben zum Genre, zur Nummerierung und zum Erscheinungs-
jahr komplettieren die Möglichkeiten, Ihre Datei und damit Ihre
Sendung mit weiteren Zusatzinformationen auszustatten.

Ganz wichtig ist nun das Logo (vorher im Buch schon beschrieben). Jede Folge kann und sollte ebenfalls das Coverbild enthalten,
das erledigen Sie ebenfalls mit einem MP3-Tag-Programm.

Dieses ist quasi das Cover Ihres Podcasts, vergleichbar mit dem
Albumcover einer CD oder einer LP. An der vorgesehenen Stelle laden Sie ein kleines Bild oder eine Grafik hoch und speichern es ab,
meist in einer vorgegebenen Minimalauflösung (bei iTunes 1 400 ×

1 400 Pixel). Dieses Cover schmückt jetzt Ihre Podcast-Seite zum Beispiel bei iTunes und macht so auch Werbung für Ihre Sendereihe.

Das Logo soll natürlich überall identisch sein, das heißt bei iTunes, auf der Website und auf eventuell produzierten und eingesetzten Online- oder Offline-Werbemitteln (denken Sie auch an Ihren Briefkopf und an Ihre E-Mail-Signatur!).

Ein durchgängiges Logo auf Ihren Podcasts
ist ein wichtiges Markenzeichen.

4. Der Podcast-Hoster

Der Podcast-Hoster ist ein Dienst, der Ihre Dateien speichert und an die verschiedenen Plattformen sowie an Ihre Webseite ausliefert.

Um Ihre MP3-Audiodatei zum Beispiel bei www.podhost.de upzuloaden, gehen Sie auf Ihr Laufwerk und ziehen die vorher mit Informationen ausgestattete MP3-Datei in das entsprechende Fenster (meist eindeutig benannt). Im Textfeld erfassen Sie den Inhalt Ihrer Sendung, eine Beschreibung also, die Appetit macht aufs Hören! Denselben Text verwenden Sie später auch auf Ihrer Website. Und Sie können ihn als Vorlage zum Beispiel für einen Newsletter verwenden, den Sie an Ihren Verteiler schicken und worin Sie Ihre Sendungen kurz anteasern. Machen Sie die Arbeit *einmal* richtig und nicht dreimal von vorne! Dann benennen Sie die Sendung, geben ihr einen Namen, ähnlich wie bei der Dateibezeichnung im Tag-Programm.

Bei uns wäre das:

GFM Folge 371 – Sechs Tipps für besseres Marketing

Der Hoster unterscheidet bei uns auf der Benutzeroberfläche nach »Beitrag« und »Datei«. Dies ist wichtig zu wissen: Das eine ist die reine Audiodatei als MP3 mit der Benennung des Speicherorts, das andere ist der Beitrag in Textform selbst.

Wenn Sie alle textlichen Beschreibungen vorgenommen haben, planen Sie Ihre Sendung, das heißt, Sie ordnen ihr einen genauen Veröffentlichungszeitpunkt zu, also Datum und Uhrzeit; bei uns ist das immer mittwochs um 18 Uhr lokaler Zeit. Dieselbe Zeit verwenden Sie dann auch, wenn Sie den Beitrag/die Sendung auf Ihrer Website planen! Der Beitrag geht dann parallel auf Ihrer Website und auf den gewählten Podcast-Plattformen live.

Damit sind die Einstellungen beim Podcast-Hoster fertig!

Denken Sie daran: Alles, was Sie hier einstellen, wird später über die verschiedenen Plattformen (wie zum Beispiel iTunes) sichtbar sein – oder auch nicht, wenn Sie nichts erfassen!

5. Die Podcast-Plattform – iTunes first

Im Buch weiter vorne haben wir schon mehrfach über die Bedeutung von iTunes im Bereich Podcasting berichtet. Wenn Sie also dort Ihre Sendungen zum Anhören und Downloaden bereitstellen wollen, müssen Sie zuerst ein Konto im iTunes-Store anlegen. Neben iTunes können Sie Ihren Podcast auch auf anderen Portalen verfügbar machen. Stitcher.de ist ein solches Portal, das Apps sowohl für Android wie für iOS anbietet.

Wir empfehlen, auch die lokalen Verzeichnisse wie zum Beispiel www.podcast.de nicht zu vergessen. Dort kann man aktuell fast 35 Millionen kostenlose Audiodateien und Videos herunterladen, online abspielen oder als Podcast abonnieren.

Ihren Podcast müssen Sie bei Apple eintragen beziehungsweise anmelden. Dies geschieht technisch über einen sogenannten RSS Feed. Das ist eine URL zu einer bestimmten Internetadresse, dem RSS-Feed (Really Simple Syndication) im XML-Format. RSS ist eine Technologie, die Updates im Web ankündigt, und XML ein Format, um Inhalte im Internet zu erzeugen.

Auf der Seite iTunes Connect finden Sie die Möglichkeit, Ihren Podcast anzumelden. Dazu benötigen Sie die schon erwähnte URL Ihres RSS-Feeds, denn diesen Feed wird iTunes von nun an regelmäßig auslesen, um über neue Sendungen Ihres Formats auf dem aktuellen Stand zu sein und Ihren Abonnenten die neueste Folge anzukündigen.

Informieren Sie sich immer vorab auf den Hilfe-Seiten von Apple, wo das Prozedere sehr ausführlich und genau dargestellt ist (allerdings nur in englischer Sprache.)

Besonders wichtig beim erstmaligen Anlegen des Podcasts bei iTunes: Sie können bei iTunes den Podcast in verschiedenen Kategorien anmelden. Bei der Anmeldung wird allerdings oft nur die erste Kategorie verwendet. Deswegen empfehlen wir Ihnen, dass Sie Ihren Podcast *nur* in einer, Ihrer wichtigsten Kategorie, anmelden.

Bei unserer Anmeldung wurde damals von unserem Dienstleister neben der Kategorie Wirtschaft > Management und Marketing auch die Kategorie Wirtschaft > Karriere zusätzlich eingetragen. Seitdem wird der Podcast immer unter der Kategorie Wirtschaft > Karriere geführt. Nicht unsere erste Wahl …

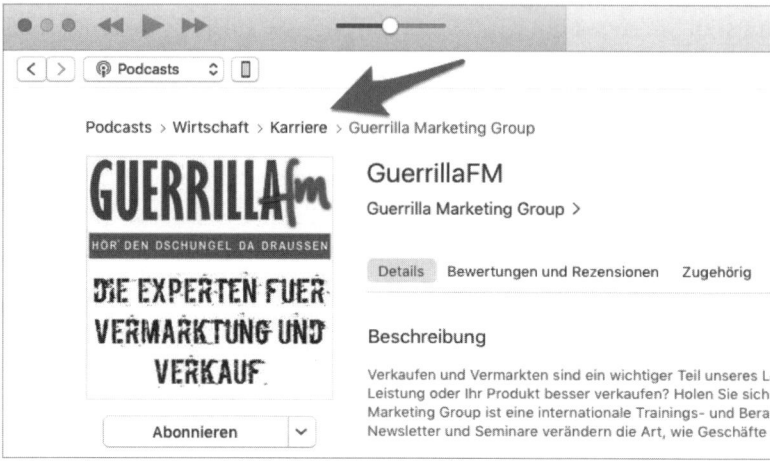

Melden Sie Ihren Podcast nur in Ihrer wichtigsten Kategorie
an – sonst landet er in einer ungewollten.

Wichtiger Tipp: Fordern Sie Ihre Hörer immer mal wieder auf, Ihren Podcast in iTunes zu bewerten/rezensieren und zu abonnieren! Dies ist wichtig unter anderem für das Ranking und damit für die Auffindbarkeit.

Haben Sie die einmalige Einrichtung erfolgreich durchgeführt, liest ein Softwareprogramm Ihren RSS-Feed (bei uns den von unserem Podhoster), und wann immer dort eine neue Folge auftaucht, erscheint diese automatisch bei iTunes unter der entsprechenden Kategorie.

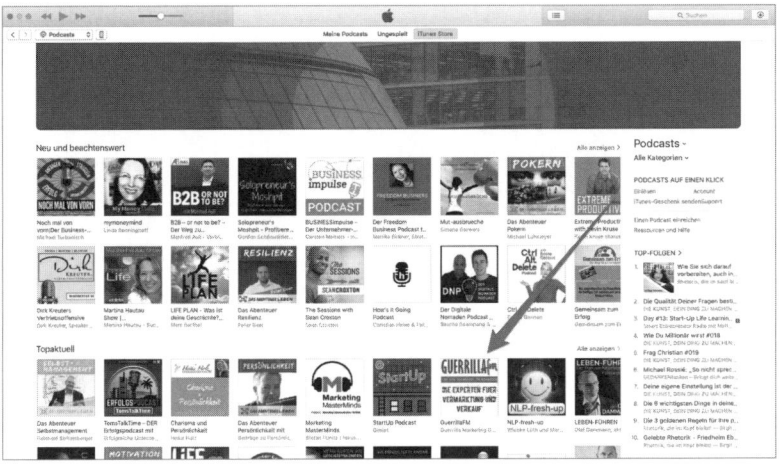

Jede neue Folge erscheint bei iTunes automatisch
unter der entsprechenden Kategorie.

6. Auf der eigenen Website/Blog

Nachdem Sie den Beitrag für Ihren Podcast in Ihrem Blog geschrieben haben (der Text liegt Ihnen ja vor, wie oben beschrieben), fügen Sie die Server-URL in Ihren Artikel ein; je nach System geht das über eine Funktion wie zum Beispiel »Mediendatei hinzufügen«, und WordPress zum Beispiel macht daraus dann einen einfachen, aber eigentlich vollkommen ausreichenden Player. Optimieren können Sie dies, indem Sie zum Beispiel SoundCloud nutzen, sich dort registrieren und Ihre Datei dort kostenfrei uploaden. Anschließend kopieren Sie den Embed-Code von der SoundCloud-Oberfläche in Ihren Blog. Solche Tools bringen mehr Möglichkeiten hinsichtlich Optik, Teilen in den sozialen Medien und Reporting/Statistiken.

Wenn Sie Ihren Blogbeitrag jetzt noch mit einem passenden Artikelbild ausstatten, sind Sie am Ziel!

Fertig – der Podcast wird veröffentlicht.

Und wenn alles klappt, dann landen Ihre Folgen auf dem Smartphone Ihrer potenziellen Hörer.

Ansicht für mobile Geräte

Podcast-Hörer vom Smartphone auf die eigene Website bringen

Nahezu jeder läuft heute mit einem Smartphone durch die Gegend ... und das meist nicht, um nur zu telefonieren. Die Leute spielen, lesen E-Books, bearbeiten Dokumente oder hören Musik. Die Nutzungsmöglichkeiten sind schier endlos und die Marktdurchdringung mit den kleinen Alleskönnern ist riesig! Kein Wunder also, dass auch der Konsum von Podcasts über mobile Geräte stetig zugenommen hat.

Viele unserer Hörer, das wissen wir aus Kommentaren und Umfragen, hören die neueste GuerrillaFM-Folge im Auto, in der S-Bahn oder beim Warten auf Letztere ... da hat man am Bahnsteig ja oft genug viel Zeit ...

Aber Scherz beiseite: Der US-amerikanische Podcast-Hoster Libsyn hat errechnet, dass von 2,6 Milliarden Downloads im Jahr 2014 knapp zwei Drittel über mobile Endgeräte erfolgten! Eine Steigerung um mehr als 40 Prozent im Vergleich zum Jahr 2012.[6]

Alles schön und gut, werden Sie sagen; aber was tut das für meinen Website-Traffic? All diese Abrufe landen direkt bei iTunes oder wo auch immer, aber nicht auf Ihrem Blog, denn die allerwenigsten werden nochmals dorthin gehen, wenn sie Ihre Sendung gehört haben, und schon gar nicht, wenn sie sie abonniert haben.

Aber Website-Traffic ist wichtig, wie wir wissen. Wichtig für die Möglichkeit, auf und mit dem Podcast Umsätze zu realisieren (kostenpflichtige E-Books, Webinare et cetera), wichtig auch dafür, mehr Page Views zu erzielen, was wiederum für Ihre Werbeumsätze mit Sponsoren und anderen Partnern relevant ist, denn die engagieren sich besonders dann, wenn Ihre Website attraktive Besucherzahlen aufweisen kann.

Schauen wir uns also an, wie Sie die Hörer auf Ihren Blog bekommen und wie diese dort länger verweilen, denn auch das ist wichtig.

---

[6] Quelle: http://www.journalism.org/2015/04/29/podcasting-fact-sheet-2015/

Shownotes oder Sendungsnotizen

Denken Sie zuerst vor allem an die sogenannten Shownotes. Das sind alle Informationen, die geschrieben oder verlinkt einen Mehrwert oder Vorteil versprechen; wir können auch Sendungsnotizen dazu sagen.

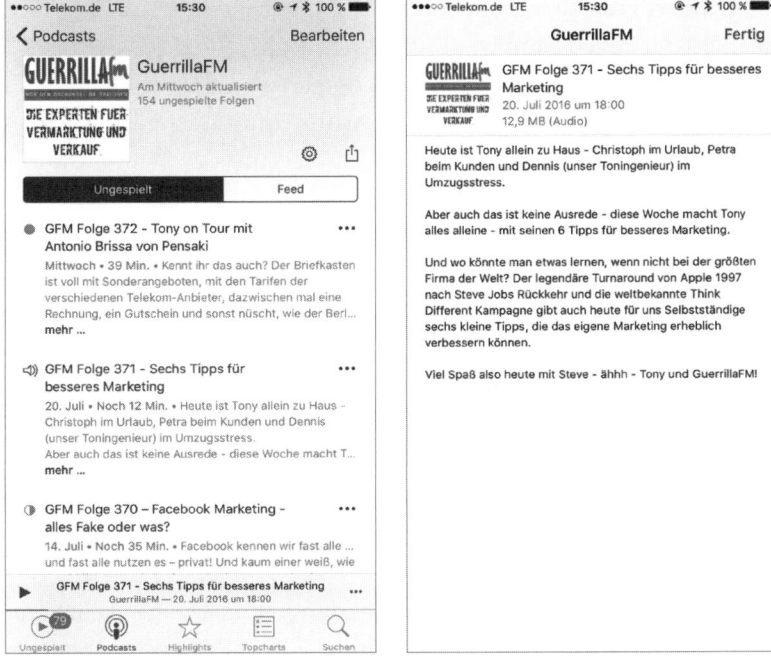

Shownotes, geschrieben oder verlinkt, versprechen
einen Mehrwert oder Vorteil.

Potenzielle Hörer können sich so zum Beispiel schon vorab über die kommende Sendung informieren. Dazu müssten Sie den Beitrag natürlich entsprechend vorher veröffentlichen. Weiterführende Links leiten zu den angesprochenen Themen, Unternehmen, Organisationen. Zu Partnerfirmen, Koautoren, Gesprächspartnern und vor allem zu besonderen Angeboten für Ihre Hörer.

Vergessen Sie auch die Social-Media-Links nicht, wenn wir denn schon darüber sprechen in diesem Buch! Bei den meisten Websites können Sie diese anderen Plattformen bei Veröffentlichung automatisch mit informieren lassen.

Also XING, LinkedIn, Twitter, Google+ oder welche Dienste auch immer Ihre Gesprächspartner nutzen. Denen helfen Sie damit, Traffic auf deren eigene Onlinepräsenz zu lenken, und Ihr eigener Blog liefert zusätzliche Informationen, die das reine Audioangebot so nicht darstellen kann.

Denken Sie zwischendrin auch einmal daran, dass es Hörgeschädigte gibt, die dennoch von den von Ihnen produzierten Inhalten profitieren möchten.

Wenn Sie mehr und mehr Inhalte/Sendungen produzieren, werden Sie merken, dass Sie immer wieder über ähnliche Themen sprechen, nämlich über Ihre Spezialgebiete, über Ihre Kompetenz und Ihr Angebot. Das ist ganz normal und auch nicht redundant (sollte es jedenfalls nicht sein).

Im Gegenteil gibt es ihnen die Möglichkeit, in den Sendungsnotizen Ihres aktuellen Podcasts auf andere, thematisch verwandte Sendungen zu verlinken und auf die dortigen Shownotes. Halten Sie das Rad am Laufen und stoßen Sie es immer mal wieder an, damit es schneller läuft, mehr Traffic produziert, mehr Besuche, Likes, Rezensionen und Empfehlungen.

Wenn wir beispielsweise eine Sendung zum Thema Kaltakquise machen, werden Sie in den Sendungsnotizen einen Link auf das nächste öffentliche Seminar mit Petra Owen finden oder auf den nächsten öffentlichen Workshop mit Anthony-James Owen auf einem Gründerkongress zu diesem Thema.

Und Sie finden den Link auf unser Gratis-Angebot über einen Sieben-Wochen-E-Mail-Kurs zum Thema Kaltakquise. Und wohin führt dieser Link? Natürlich auf eine spezielle Landeseite, die Sie wiederum mit Google AdWords bewerben können. Haben Sie dieses Kapitel hier im Buch schon gelesen? Na, dann kann ja nichts mehr schiefgehen …

Wenn Sie im Newsletter Ihren neuesten Podcast vorstellen, verlinken Sie die Leser bitte auf Ihren Blog, nicht direkt auf die Plattform, zum Beispiel iTunes. Der Blog ist Ihr Original, Ihre Quelle! Dort können Sie sich, Ihr Angebot und Ihre Referenzen optimal darstellen und auch Share-Möglichkeiten einbauen. Auf iTunes und den anderen Plattformen geht das längst nicht in diesem Umfang.

Fotos und Videos? Das ist doch ein Audio-Podcast!

Ein Podcast zeichnet sich dadurch aus, dass der Konsument ausschließlich auditiv adressiert wird; außer Ihrem Coverbild gibt es nichts zu sehen. Es gibt aber nun eine ganze Reihe von Menschen, die sich eher als visueller Typ bezeichnen würden. Was tun Sie für die? Wie können Sie diese nochmals gesondert begeistern?

Nun werden Sie nicht jede Ihrer Sendungen per Video aufzeichnen, dann wären Aufwand und Kosten insgesamt wesentlich höher, aber mal hier und da eine kurze Videosequenz, beispielsweise von einer Podcast-Sendung mit einem speziellen Gast, ein Foto von Ihrem Besuch bei einem prominenten Gesprächspartner oder auch von einem technischen Gerät, das Sie in der Sendung vorstellen. Nicht alle Podcasts drehen sich schließlich um Vertriebsmarketing wie bei uns …

Machen Sie mal eine Weihnachtsfolge und stellen Sie eine Bildergalerie auf Ihren Blog, mit Ihren Teammitgliedern in entsprechender Kostümierung, oder zeigen Sie die Cover der Bücher, die Sie als Sommerlektüre vorstellen. Es gibt viele Ideen! Probieren Sie etwas aus und sehen Sie, was mehr Traffic produziert, welcher Beitrag öfter geliked oder geshared wurde.

Je öfter Sie das machen, je öfter Sie also einen zusätzlichen Wert auf Ihrer Website anbieten, umso mehr Leute werden auch regelmäßig auf Ihre Seite kommen.

Wenn Sie mit Video arbeiten, nutzen Sie YouTube, weil es am meisten verbreitet ist und schon längst nichts mehr zu tun hat mit den Anfangstagen als Abspielstation für krude Filmchen und Katzenbaby-Videos nämlich. Heute finden Sie dort hochwertige Inhalte, oft in HD-Qualität produziert und zu allen denkbaren Themen. Von YouTube, wo Sie auch einen eigenen Kanal füttern können, holen Sie sich den Code des Videos und bauen ihn auf Ihrer Website ein. Wenn Sie die Werbelastigkeit der kostenfreien Plattform stört, dann buchen Sie sich einen kostenpflichtigen Account bei der YouTube-Alternative Vimeo, wo Sie besser steuern können, was vor oder nach Ihrem Video auftaucht.

Die Website immer füttern!

Wenn Sie einen eigenen Blog betreiben für Ihren Podcast, so wie wir mit GuerrillaFM, sind dort meist wie in einem Verzeichnis nur Ihre einzelnen Sendungen als Beiträge eingestellt; gut so, das bleibt sehr übersichtlich und hat einen starken Marketingeffekt. Wenn Sie die Podcast-Beiträge allerdings mit anderen auf Ihrer Website mischen, dann sollten Sie regelmäßig auch andere Artikel schreiben, einfach um das Interesse an Ihrer Website wachzuhalten und zu einem Ort zu machen, wo nützliche Inhalte, interessante Sendungsnotizen und Vernetzungsmöglichkeiten angeboten werden, und zwar regelmäßig.

Viel Erfolg nun bei Ihrem Podcast und nicht vergessen: regelmäßig zum immer gleichen Zeitpunkt senden!

KAPITEL 4

XING/LinkedIn

Der Nutzen sozialer Businessnetzwerke

Vielleicht fragen Sie sich: »Muss ich unbedingt einem dieser digitalen Netzwerke angehören? Ich will doch damit nicht zusätzlich noch Zeit verschwenden.« Eine berechtigte Frage. Worauf wir eingehen möchten, ist, dass Sie Ihr Business mit Ihren Netzwerktätigkeiten wirklich ankurbeln können. Bewusst klammern wir hier Facebook, Pinterest und Instagram und was es noch an weiteren Netzwerken gibt, aus. Im B2B-Bereich sind XING und LinkedIn unserer Meinung nach die bedeutendsten Netzwerke. Sie sollten zumindest dort präsent sein. Gerade wenn Sie ein kleines Unternehmen haben oder erst anfangen mit Ihrer Selbstständigkeit, ist das eine preisgünstige Möglichkeit, sichtbar zu sein und im Netz beziehungsweise in Suchmaschinen gefunden zu werden. Auch wenn Ihre Webseite (noch) nicht optimal aufgestellt sein sollte.

Was ein XING- oder LinkedIn-Profil ist und warum Sie eins haben sollten

Diese sozialen Komponenten sind eine Art berufliches Facebook. Natürlich haben sie nicht den Sozial- oder Freizeitcharakter von Facebook (eher nutzbringend, wenn Sie B2C verkaufen), sondern es ist viel eher eine von verschiedenen Möglichkeiten, mit Kontakten in Verbindung zu bleiben. Wenn Sie Unternehmer sind, ist es eine tolle Plattform, um Ihre Dienstleistungen anzubieten und Ihre öffentliche Darstellung zu ergänzen. Oder Empfehlungen zu bekommen, zu akquirieren und neue Kunden zu finden. Wenn Sie angestellt sind, kann es Ihnen helfen, einen neuen Arbeitgeber zu finden. Als Kunde könnten Sie hierüber auch einen (neuen) Lieferanten finden oder empfohlen bekommen.

Und genau aus diesen Gründen sollten Sie in diesen Netzwerken mit einem öffentlichen Profil zu finden sein. Nebenbei werden Sie durch Ihr Profil auch in Suchmaschinen besser gefunden.

Wir glauben, man kommt heute gar nicht mehr um ein Profil in XING oder LinkedIn herum; egal, ob man selbstständig ist (dann braucht man es umso zwingender) oder ob man in einer Firma angestellt ist. Natürlich gibt es auch Leute, die ohne ein solches LinkedIn- oder XING-Profil erfolgreich sind. Letztlich ist das ja nichts anderes als die Sichtbarkeit von bestimmten Informationen, die über diese Systeme und über Ihr Profil zu sehen sind.

Wenn man anfängt, hier aktiv zu werden, gibt es ein paar Dinge, die man unbedingt beachten muss. Erstens: Man selbst ist der Besitzer des Profils. Seien Sie sich dessen bewusst, denn Ihnen persönlich gehört Ihr Profil! Und je nachdem, was Sie erreichen und über sich aussagen möchten, gestalten Sie Ihr Profil – aber dazu später mehr.

XING oder LinkedIn – welches Netzwerk ist wichtiger?

Bevor wir in die Details gehen, noch ein paar Anmerkungen zu diesen zwei Plattformen. Die wichtigste Plattform für den deutschsprachigen Raum ist XING. Wenn Sie eher internationale Kontakte haben und international arbeiten, ist LinkedIn für Sie die wichtigere Plattform.

Konzeptionell ist XING eine deutsche »Kopie« des US-amerikanischen LinkedIn, hat einige Unterschiede in der Handhabung und in den Eigenschaften, ist aber von der Grundidee und vom Grundkonzept sehr ähnlich. In Deutschland ist dieses Businessnetzwerk mit Abstand das mit den höchsten Mitgliederzahlen. LinkedIn ist wiederum international die wichtigere Plattform: Wenn Sie also eher international tätig sind oder Ihre Ansprechpartner oder potenziellen Kunden in LinkedIn zu finden sind, dann bleibt Ihnen nichts anderes übrig, als in beiden Plattformen ein entsprechendes Profil anzulegen.

Zum Glück können beide Plattformen parallel mit den gleichen Informationen gefüttert werden, da es zum Teil ähnliche Informationsfelder in beiden Systemen gibt.

Die Person, die das Profil anlegt, besitzt das Profil, das heißt, das Profil ist personenabhängig und nicht unternehmensabhängig. Im Klartext: Wenn Sie als Inhaber der Firma Ihr Profil anlegen, dann gehört es Ihnen. Wenn Sie einen Mitarbeiter haben, der ein Profil angelegt hat und kündigt, ist und bleibt es trotzdem sein Profil. Das erstellte Profil und damit die verbundenen Kontakte gehören also nicht der Organisation oder Firma, sondern der Person, die das Profil erstellt hat und besitzt.

Wofür benutze ich mein Profil: Jobsuche oder Kundensuche?

Beides ist möglich. Als Selbstständiger, der auf Kundensuche ist und nicht gerade einen neuen Arbeitgeber sucht, hat das Profil einen völlig anderen Schwerpunkt, als wenn man auf Jobsuche ist. Als möglicher neuer Mitarbeiter will ich für neue potenzielle Arbeitgeber interessant sein. Wenn ich auf Kundensuche bin (egal ob als Inhaber oder Repräsentant eines Unternehmens), will ich als interessanter Ansprechpartner eines Unternehmens rüberkommen und mich so darstellen, dass potenzielle Kunden denken: »Interessant, diese Person kontaktiere ich mal.«

Wir vermuten, dass die wenigsten Leser dieses Buches gerade auf Jobsuche sind. Und falls doch, sollten Sie also einen neuen Job suchen und parallel die Tipps aus diesem Buch verwenden, haben Sie vielleicht bald so viel Erfolg, dass Sie den neuen Job nicht mehr brauchen.

Die meisten interessieren sich wahrscheinlich eher für die Marketinganwendung ihres Profils; also dafür, wie Ihnen Ihr Profil dabei nutzen kann, neue Kontakte für Ihr Business zu finden.

Vielleicht ist es bei Ihnen eine Kombination aus Eigenmarketing und der Pflege eines bestehenden Kontaktnetzwerks. Wenn wir die erste Funktion nehmen, das Eigenmarketing, dann sprechen wir im Wesentlichen unbekannte Personen an, die sich mittels Ihres angezeigten Profils über Sie als Person und damit über Ihr Leistungsangebot informieren. Wenn ich ein eigenes Netzwerk habe und wenn deren Mitglieder ebenfalls auf diesen Plattformen tätig sind, bin ich mit diesen dort verbunden und sie können sich über meine Tätigkeiten, Projekte oder neue Artikel, neue Podcasts et cetera informieren.

Das heißt, Ihre Veröffentlichungen verlinken Sie im System und informieren so auf einen Schlag alle Kontakte. Das dient einerseits Ihrer Bestandskundenpflege und ist andererseits auch gleichzeitig ein Instrument, um neue Kunden zu gewinnen.

Das Wichtigste ist, dass Sie sich über Ihre eigene Zielsetzung klar sind. Wie immer im Marketing gilt: Was wollen Sie mit dieser Maßnahme erreichen? Was möchten Sie mit Ihrem Profil auf diesen digitalen sozialen Plattformen erreichen?

Wen möchten Sie ansprechen?

Was will ich erreichen, wen möchte ich ansprechen? Und womit will ich ihn ansprechen? Daraus ergibt sich die Kombination, wie Ihr Profil aussehen sollte. Deswegen ist es so wichtig, dass Sie sich zuerst darüber klar werden, was Sie denn für die Interessenten auf dem Markt anbieten wollen, was aus Sicht dieser Personen relevant ist und – wenn Sie jetzt eine dieser Personen wären – wie Ihr Profil auf so jemanden wirkt, wenn man Sie auf dem Bildschirm zum ersten Mal anklickt. Wechseln Sie also Ihre Position und versetzen sich in einen Profilbesucher, der Sie beziehungsweise Ihre Firma noch nicht kennt und der Ihr Profil zum ersten Mal anklickt.

Viele Menschen »fangen einfach mal an« und erfassen persönliche Lebenslaufdaten von sich und mehr nicht. Weil sie denken, auch sie müssen ja jetzt unbedingt in diesen Netzwerken vertreten sein.

Leider kommt dabei häufig nicht mehr als ein Ad-hoc-Profil heraus. Vorher nicht groß bedacht, hat es allerdings eine große Wirkung
auf die Betrachter. Ähnlich wie in einer Broschüre, nur in elektroni-
scher Form und mit Ihnen als Hauptprodukt. Wenn Sie also einfach
mal schnell alle Felder füllen, ist das ähnlich, als wenn Sie schnell mal
eine Broschüre konzipieren. Also denken Sie lieber einmal zu viel
nach und legen Sie dann los.

Treten Sie gedanklich einen Schritt zurück und betrachten Sie das
Gesamtbild. Wenn Sie neue Kunden finden müssen und diesen etwas Tolles anbieten, dann ist die erste Frage immer, was für diese
wichtig ist, was Sie für diese tun können – und zwar jetzt und zu-
künftig. Wie ist Ihr Ansatz, wie gehen Sie vor, wenn Sie mit Kunden
arbeiten? Und wie liest sich das für Ihre Profilbesucher? Wenn Sie
Ihr Profil zum großen Teil dazu nutzen, um neue Kunden zu gewinnen, dann geht es darum, alles aus Marketingsicht zu formulieren.
Und das wiederum bedeutet, dass Sie aus Kundensicht draufschau-
en und herausstellen, welches Problem denn überhaupt relevant ist.
Wonach würden Sie suchen, wenn Sie ein potenzieller Kunde wären? Hier fängt alles mit Ihrer Überschrift und Ihrer Zusammenfassung an. Dort muss schnell erkennbar sein, für was Sie stehen, was
Sie anbieten, welche Erfahrungen Sie haben und welche Projekte Sie
schon für Kunden durchgeführt haben. Beschreiben Sie, wer Ihr ide-
aler Kunde ist. Je genauer, Sie ihn sich vorstellen können beziehungsweise ihn beschreiben, desto eher fühlt sich der »richtige« Kunde
von Ihnen angezogen. Vielleicht ist es für Ihre Kunden auch besonders wichtig, welche Ausbildung, welchen Abschluss oder welche
Qualifikation Sie besitzen.

Falls das bei Ihnen zutrifft, geizen Sie nicht mit ihren Auszeichnungen und zählen Sie alle auf. Nur bitte nicht wie in einem Lebenslauf, sondern immer mit der »Kundenbrille« – denn schließlich
sind Sie nicht auf Job- sondern auf Kundensuche. Und den Kunden
interessiert, was Sie für ihn tun können. Also listen Sie beispielsweise Referenzprojekte auf und nicht, wie in Ihrem Lebenslauf, was Sie
schon alles geleistet haben.

Der erste Eindruck entscheidet – Ihr Profilbild

Wenn wir aus der Perspektive eines Interessenten auf unser Profil schauen, der diese Seite besucht, also aus Sicht eines potenziellen Kunden, müssen wir uns die Frage stellen, wie dieser das Profil wahrnimmt. Was löst das in mir aus, passt das zusammen, ist das sauber und rund formuliert, treffend beschrieben? Schaffe ich es, die ein, zwei wesentlichen Punkte rüberzubringen, von denen ich glaube, dass diese die Kernbotschaft meines Marketings sind?

Wenn wir mit diesem Teil des Profils zufrieden sind, kommen wir zu einem mindestens genauso wichtigen Teil wie dem Text. Und das ist Ihr Profilbild.

Ihr Profilbild ist so wichtig, weil es an vielen Stellen eine Rolle spielt. Das Profilbild wird von beiden Systemen benutzt, um Nachrichten, die eingehen, mit meinem Profilbild zu versehen. Es ist das wesentliche grafische Element – neben Anzeigen oder Werbung –, das der Besucher Ihrer Profilseite zu sehen bekommt. XING und LinkedIn sind eben nicht Facebook und auch keine Foto-Communitys – Sie haben meist nur ein einziges Foto von sich, das dort erscheint. Und dieses Foto muss zu Ihrer Botschaft passen. Wenn Sie zum Beispiel Aussteigerseminare anbieten, dann sollte Ihr Profilbild optisch und von der Wahrnehmung her eine andere Person vermitteln, als wenn Sie als Unternehmensberater Dienstleistungen anbieten. Sie könnten beides gemacht haben und liefern als Person jeweils eine andere optische Verpackung Ihrer Aussage. Vielleicht überlegen Sie einmal, wie die Bilder, die Sie sonst dort sehen, auf Sie wirken? Welchen Eindruck haben Sie von den Personen? Haben Sie den Eindruck, der/die ist seriös, und woran machen Sie diesen Eindruck fest?

Hierzu eine Anregung: Machen Sie doch einmal eine Rückwärtsanalyse von Bildern, die sie sonst auf LinkedIn oder XING sehen – und zwar von Personen, die Sie vielleicht gar nicht oder nur wenig kennen. Und jetzt nehmen Sie wahr, was für einen Eindruck diese Person Ihnen vermittelt. Machen Sie das fest an der Kleidung, liegt es an der Frisur, der Brille, dem Gesichtsausdruck, dem Hintergrund, was ist das überhaupt für ein Bild? Farbig? Schwarz-weiß? Und dann prüfen Sie Ihre zur Auswahl stehenden Fotos und überlegen, ob diese Bilder den Eindruck kommunizieren, den Sie vermitteln wollen. Wenn das nicht der Fall ist, bleibt Ihnen nichts anderes übrig, als etwas Geld zu investieren und zu einem professionellen Fotografen zu gehen.

Dabei sollten Sie drauf achten, dass Sie eben *kein klassisches Bewerbungsfoto* oder Porträt brauchen; das sieht nämlich auch nicht unbedingt gut aus. Es ist nicht so einfach, ein überzeugendes Foto von sich zu bekommen, wo man selbst denkt, dass es ein Stück von Ihnen als Person vermittelt, das Sie kommunizieren wollen: Seriosität, Spiritualität, Kreativität, je nachdem, was Sie anbieten.

Selbst wenn Sie auf Jobsuche sind, überlegen Sie bitte sehr sorgfältig, was für ein Foto Sie von sich einstellen. Auch wichtig ist die Frage nach farbig oder schwarz-weiß, denn auch das macht durchaus einen Unterschied. Wenn Sie ein Foto ausgewählt haben, gehen Sie ein Stück weg von Ihrem Bildschirm, sodass Sie den Text nicht sofort lesen können, und sehen sich die Gesamtoptik an: Passt das, was Sie dort sehen, mit Ihrem Text zusammen und bildet ein einheitliches Erscheinungsbild?

Das Foto ist das Erste, das jemand wahrnimmt! Bei einer Kontaktanfrage ist es eher klein in LinkedIn und XING zu erkennen; im Chat werden die Bilder etwas größer dargestellt, auf dem Profil sind sie dann sehr präsent. Wenn Sie später mit einer Gruppe Informationen teilen, werden immer auch die Fotos angezeigt. Hier wird oft entschieden, ob jemand den Rest überhaupt liest oder wahrnimmt oder einfach wegklickt, weil ihm die Person nicht sympathisch ist oder ein falscher Eindruck vermittelt wird. Deshalb: Ein Foto ist ein *Muss*; Sie sollten auf keinen Fall ein Profil erstellen ohne Bild. Es gibt immer noch Profile, wo nur der Schattenumriss der Person zu sehen und die Schablone immer die gleiche ist. Das ist das Unseriöseste, was Sie machen können, weil Netzwerke davon leben, dass Sie zu einem Menschen Kontakt haben. Das ist eine Eins-zu-eins-Beziehung, und die ist nicht möglich, wenn das Bild nichts hergibt.

Kommen wir nochmals auf die Zielgruppe zurück, die Sie sehr klar eingrenzen sollten. Wir nehmen uns selbst, die Guerrilla Marketing Group, als Beispiel. Die Mehrzahl unserer Kunden sind kleine Unternehmen bis Mittelständler. Sagen wir, eine Gruppe zwischen zehn und 1 000 Mitarbeitern oder zehn und 500 Mitarbeitern. Natürlich haben wir auch Kunden, die Teil eines Großkonzerns sind und weit über 5 000 Mitarbeiter und internationale Niederlassungen haben. Jedoch gehört die Mehrzahl unserer Kunden eher zu der Gruppe der Mittelständler, Eigentümer, Geschäftsführer, vom Gründer bis hin zu Unternehmen.

Wenn sie ihren Fokus auf eine bestimmte Gruppe von Kunden richten und das klar herausstellen, haben viele Angst, dass sie andere mögliche Kunden verpassen. Aber die Wahrheit ist: Wenn die Mehrzahl meiner Kunden keine Großbanken sind, dann nutzt es auch nichts, wenn ich das ins Profil schreibe, weil meine wirkliche Zielgruppe mich dann viel weniger attraktiv findet. Wenn Sie hineinschreiben, dass Sie alles und jeden beraten, die Branche ist egal, ob Konsumgüterindustrie oder Business-to-Business, wenn das alles keine Rolle spielt, von einem Mitarbeiter, vom Start-up bis hin zum größten Unternehmen der Welt – egal welches Land –, egal welche Sprache, dann ist das derart unglaubwürdig, dass jeder, der Teil einer dieser Zielgruppen ist, sich umsehen würde nach anderen »echten Spezialisten« mit Branchenerfahrung.

Wenn Sie zum Beispiel für Handwerksbetriebe arbeiten, schreiben Sie genau das, dass Sie nämlich im Wesentlichen mit Handwerksunternehmen der Größe x bis y arbeiten. Dieses Know-how in einem Marktsegment wird die Interessenten überzeugen.

Wie erhöht man die Auffindbarkeit des eigenen Profils?

Verwenden Sie exakte Begriffe. Es gibt von LinkedIn und XING regelmäßig Kontaktvorschläge, mit denen Sie sich laut XING/LinkedIn verbinden können. Oder laden Sie gleich alle Menschen ein, die Sie kennen. Wenn man jemanden bereits kennt, nimmt man in der Regel die Einladung an und verbindet sich.

Jetzt nehmen wir mal eine Person, die Sie noch nicht kennt, die möglicherweise jemanden wie Sie sucht und der das System dementsprechend Ihr Profil vorschlägt. Wenn Sie nun zwei Begriffe hätten, die beschreiben sollen, was Ihr Fokus ist, welche wären das? Nehmen wir uns selbst als Beispiel, die Guerrilla Marketing Group: Bei Petra sind es Neukundengewinnung, Verkaufstrainerin, Businesscoach. Es hat keinen Sinn, wenn sie noch 50 weitere Bezeichnungen aufführt. Das ist das Gleiche wie bei der Zielgruppe: Je mehr Sie aufführen, desto unwahrscheinlicher wird es, dass man Sie findet, und wenn man Sie findet, wird es umso unwahrscheinlicher, dass Ihr Profil ernst genommen wird. Wir brauchen also eine Headline, eine gute Überschrift. Nehmen wir an, der Oberbegriff ist »Verkaufstraining und Businesscoaching«, der wichtigste Begriff aber ist »Neukundengewinnung«. Und jetzt hätten wir ein Angebot für Neukundengewinnung. Was schreiben wir?

»Spezialistin für Neukundengewinnung« oder »Businesscoach für Neukundengewinnung«, irgendetwas, das dieses Thema aufgreift und das in die Beschreibung passt. Dann haben wir die Berufserfahrung, und auch hier macht es Sinn, diesen Begriff in einem vernünftigen Umfang zu verwenden, nicht in jeder Zeile, nicht in jedem zweiten Wort, aber da, wo man etwas wie »Neukundengewinnung« gut einfließen lassen kann, zum Beispiel: »Wir unterstützen Unternehmen bei der Neukundengewinnung, besonders im Bereich der Business-to-Business-Kunden.« Jetzt können Sie das nicht im nächsten Satz schon wieder schreiben, sondern der Begriff »Neukundengewinnung« kommt vielleicht erst nach drei, vier Sätzen wieder im Satz vor, damit sich das nicht nur für die Suchmaschine gut liest, sondern auch für einen normalen Menschen, der nicht zehnmal hintereinander das gleiche Wort verwenden würde. Möglicherweise können Sie den Begriff auch in Ihrer Berufsbezeichnung verwenden. Niemand will ein Profil, in dem 50-mal das Wort »Neukundengewinnung« vorkommt, sondern eines, wo das Wort drei- viermal an allen richtigen Stellen strategisch korrekt platziert ist. Deswegen ist es so wichtig, sich klar zu werden, dass Titel und

Bezeichnungen relevant sind. Ich baue mir also einen guten Titel, der immer dann verwendet wird, wenn es passt. Wenn ich in einem Unternehmen arbeite, geht das im Normalfall nicht; wenn ich mich »Vertriebsbeauftragter« nenne oder »Senior Account Manager«, dann kann ich da nicht einfach etwas anderes hineinschreiben. Aber wenn ich selbstständig bin, habe ich immer die Freiheit, mir zu überlegen, was ideal passen würde. »Inhaber und Senior Coach für Neukundengewinnung« oder »Inhaber und Gründer der Agentur für Neukundengewinnung«. Das würde die Bezeichnung erweitern, weil wir eben nicht nur »Geschäftsführer« schreiben, sondern diese Berufsbezeichnung erweitern um zusätzliche Problemlösungsfelder, die der Kunde interessant finden könnte.

Dann fällt es Interessenten auch viel leichter, uns an der richtigen Stelle einzuordnen.

Es geht ja gerade nicht um einen chronologischen Lebenslauf, sondern um eine Positionierung und damit um eine Darstellung der Aufgaben, die ich für den Kunden übernehmen könnte. Was würde ich lesen wollen von jemandem, den ich suche, der mich unterstützen soll beim Aufbau eines Vertriebsteams? Welche Funktionen würde ich entsprechend suchen? Das Gleiche gilt hier bei XING und LinkedIn. Wenn man etwas veröffentlicht hat, egal, ob das jetzt Print ist oder Video oder ein Blogbeitrag, kann und sollte man das auch verwenden und publik machen. Auch hier ist es empfehlenswert, entsprechende Keywords mitzuverwenden. Das führt dazu, dass von zwei bis auf den Veröffentlichungsteil identischen Profilen jenes weiter oben in der Liste erscheint, das mit den passenden Keywords befüllt ist.

Verstehen, wie die Suche funktioniert

Man sollte auch verstehen, wie die Suchbewegung organisiert wird. Wenn ich eine Suche durchführe, werden die Treffer immer auf der Basis meines Netzwerks generiert und angezeigt. Das heißt, wenn ich ein Netzwerk von 250 Ansprechpartnern habe und ich suche nach meinem eigenen Schwerpunkt, meinem Suchbegriff, und ich bin der

Einzige, der das dort aufführt, werde ich immer in dieser Liste die Nummer eins sein, weil die Suche über mein Netzwerk geht. Das ist auch noch ein interessanter Punkt zu der Frage, wie groß denn so ein Netzwerk sein sollte. Es gibt ein paar Leute, die ihre LinkedIn-Profile oder XING-Profile dafür verwenden, Zigtausende von Kontakten zu sammeln, um diese dann über einen Marketingkanal mit ihren Beiträgen und Einladungen zu überschwemmen. Diese Methode kann effektiv sein, wir sind aber kein Verfechter davon, weil wir glauben, dass Netzwerke idealerweise ein Abbild eines »realen Netzwerks« sind. Sie funktionieren nur dann gut, wenn jemand jemanden kennt. Wenn ich jemanden nicht kenne und von dieser Person eine Kontaktanfrage oder eine Einladung zu einer Veranstaltung oder eine andere Information bekomme, dann ist die Wahrscheinlichkeit eher gering, dass ich darauf reagiere, weil die Person mir völlig unbekannt ist.

Qualität vor Quantität

Jemand, der ein Netzwerk von 9 000 »Kontakten« hat, kann nahezu unmöglich diese 9 000 Personen kennen und mit ihnen in Kontakt stehen. Ein »normales« Netzwerk hat mehrere Hundert Kontakte, vielleicht im unteren Tausenderbereich, 1 500 vielleicht, das ist schon groß, je nachdem, welchem Business man nachgeht. Wenn man zum Beispiel viel in der Öffentlichkeit ist und Vorträge hält, dann fragen einen hinterher immer wieder Teilnehmer über LinkedIn oder XING an.

Wenn Sie also Netzwerke als Instrument verwenden, stellt sich die Frage, warum jemand Ihre Einladung akzeptieren sollte.

Dann gilt immer das Gleiche: Sie müssen demjenigen einen Grund dafür geben, Ihre Einladung zu akzeptieren, und das heißt auch, dass Sie sich überlegen müssen, was für die Person denn ein guter Grund sein könnte. Warum sollte sie denn von Ihnen in Zukunft über dieses System Nachrichten oder Eventeinladungen oder anderes bekommen wollen?

Viele Menschen machen sich diesbezüglich gar keine Gedanken; sie nutzen nur die Automatik dieser Systeme und denken: »Ich suche mal jemanden im Bereich Finanzen und schicke dann all diesen Leuten aus der Trefferliste eine Information.« Da wird oft nicht einmal die Person mit Namen in der Anrede erwähnt, und das ist so ähnlich wie bei einem schlechten Werbebrief. Unserer Erfahrung nach funktionieren Einladungen am besten, wenn sie einen realen Bezug zu der Person haben, die die Einladung bekommt. Das heißt, viele schreiben in etwa so: »Herr Owen, ich habe das und das gemacht, bin mit dem und dem verbunden.« Oder: »Ich höre Ihren Podcast, finde dieses oder jenes interessant und will Sie fragen, ob wir uns auch hier in diesem Netzwerk miteinander verbinden wollen.«

Diese individuell gestaltete Einladung hat, wenn sie einen Bezug zu mir hat, eine erheblich größere Auswirkung als eine Einladung, die einfach als Standardeinladung ohne einen Text kommt; es sei denn, die Person, mit der ich mich verbinden will, kennt mich. Wenn das zum Beispiel ein ehemaliger Arbeitskollege ist oder ein Kunde oder wer auch immer, und ich schicke ihm eine Einladung, dann kennt er mich ja bereits, dann brauche ich keinen sprichwörtlichen Roman zu schreiben. Trotzdem würde es natürlich Sinn machen, wenn man den Bezug zur Person nochmals hervorhebt, wenn man eine Einladung schickt.

Werden Sie Gruppenmoderator

In beiden Systemen gibt es die Möglichkeit, Gruppenmoderator für ein bestimmtes Thema zu werden. Sehr viele Fachgruppen existieren natürlich bereits. Es kann aber auch sein, dass ich für eine Gruppe von Menschen (also meine potenziellen) Kunden, die ein ähnliches Thema haben wie ich, eine Gruppe ins Leben rufe, und Leute einlade, die in dieses Profil passen, mit dem Hinweis, dass dort interessante Inhalte und Lösungsinformationen bereitstehen. Wenn ich als Gruppenmoderator aktiv bin, erreiche ich zwei Dinge: Zum einen wird mein Ranking in den internen Systemen besser, weil es häufiger gefunden wird, zum anderen wächst mein vermuteter Expertenstatus, denn dem Gruppenmoderator wird per se ein hohes Fachwissen für die Themen seiner Gruppe unterstellt.

Hier gibt es häufig eine berechtigte Frage: Besteht da keine Gefahr, dass mich lediglich meine Wettbewerber in der Gruppe finden und versuchen, auf diese Art und Weise an Wissen und Kontakte zu gelangen?

Das ist wie bei allem, was man macht und was sichtbar ist. Wenn ich einen Podcast sende und den Leuten erkläre, wie Sachen funktionieren, dann können sie sich das kostenfrei anhören, sie können das auch in LinkedIn oder in einem Blog lesen. Wir würden eher denken, dass die Wirkung eine andere ist: Die Kunden, die sich für Sachzusammenhänge interessieren, informieren sich darüber, sehen, was ich kann, verbinden sich mit diesen Gruppen, bringen sich ein, stellen ihre Fragen und bekommen professionelle Antworten. Damit erreiche ich, dass ich eine Bindung habe zu jemandem, der mich am Anfang noch nicht kennt, der sich aber dann möglicherweise mit mir verbindet. Und irgendwann einmal, nach einer gewissen Zeit, wenn ich ihn zum Beispiel zu meiner Fachgruppe einlade, erkennt er: »Das ist doch mein Gruppenmoderator aus dem Bereich X, da gehe ich mal hin«, oder: »Da mache ich mit bei dem Seminar.« Das alles sind kleine Schritte auf dem Weg dahin, dass jemand »aus dem Unbekannten« zu mir Verbindung aufnehmen will und mich danach als bekannt und vielleicht sogar als Experten ansieht und mich danach sogar vielleicht engagiert. Allerdings gilt es zu bedenken, dass die Funktion eines Gruppenmoderators auch Arbeit bedeutet. Man sollte sich bei all diesen Aufgaben vorher gut überlegen, ob der Aufwand an Zeit gerechtfertigt ist, den Sie haben, um eine Gruppe zu Ihrem Thema – zum Beispiel »Neukundengewinnung für Handwerksbetriebe«, ins Leben zu rufen und sie regelmäßig mit interessanten Informationen zu bereichern. Das ist Arbeit, das macht kein anderer, das machen Sie! Und das wiederum heißt, dass Sie vielleicht eine Stunde pro Woche in Ihrem Kalender frei halten und sich jede Woche hinsetzen und alles bearbeiten müssen, was in dieser Gruppe an Anfragen kommt, neue Beiträge schreiben und vieles mehr. Es ist also wirklich Arbeit, und deswegen muss man sich gut überlegen: Fange ich damit an und schaffe ich es, dranzubleiben?

Nichts ist so schlimm wie eine verwaiste Gruppe, in der nichts passiert, wo der Gruppenmoderator nichts mehr liefert und die Gruppe irgendetwas für sich alleine macht.

Der Vorteil ist: Sie als Moderator haben eine hohe Sichtbarkeit (positiv). Nachteil: Falls eine Anfrage zum Beitritt in Ihre Gruppe kommt und die Person nie eine Antwort bekommt, dann macht da langfristig keiner mehr mit (negativ). Wichtig ist auch: Die Gruppe braucht eine gewisse Größe. Wenn es lediglich zehn Teilnehmer gibt, passiert in der Gruppe wenig bis nichts. Wir reden nicht von einer Gruppe mit 100 000 Mitgliedern, aber von einer, die ein paar Hundert Leute braucht, damit überhaupt eine Eigendynamik stattfindet. Unserer Erfahrung nach funktioniert das ab 500 Teilnehmern. Ich muss mir also überlegen, auf welcher Stufe ich LinkedIn oder XING benutze. Nutze ich es, um mein eigenes berufliches Netzwerk zu pflegen und dort aktuell zu halten? Oder nutze ich es, um Neukunden zu gewinnen? Oder benutze ich es zusätzlich, um als Gruppenmoderator/Experte für andere Mitglieder sichtbar zu werden? Davon abhängig ist der Zeitaufwand, den Sie aufbringen müssen, unterschiedlich hoch.

Zum Zeitaufwand: Es braucht relativ wenig Zeit, um Ihr Kontaktnetzwerk zu pflegen, mehr Zeitaufwand, wenn Sie es für Ihre Neukundengewinnung und Ihr Marketing benutzen, und noch mehr Zeit, wenn Sie es als Expertenplattform verwenden wollen: mit dem Aufbau einer eigenen Gruppe, wo Sie der wesentliche Gruppenmoderator sind. Natürlich können Sie auch in anderen Gruppen mitarbeiten und dort Antworten und Kommentare schreiben und damit sozusagen als aktiv arbeitender Experte ohne Moderatorenstatus wahrgenommen werden. Es hat aber nicht den gleichen Effekt, als wenn Sie selber Moderator einer Gruppe sind.

Sichtbarkeit von Informationen – privat oder öffentlich?

Ein kleiner Hinweis zum Thema Profil: In beiden Systemen können Sie einstellen, ob Sie Informationen öffentlich oder privat teilen möchten. Das bezieht sich auf Ihre Telefonnummern, E-Mail-Adressen, Postanschriften und so weiter. Es gibt also immer ein öffentliches Profil und ein privates Profil. Das öffentliche Profil ist das Profil, in dem Sie sehen, was jeder sehen kann, auch der, der eventuell nicht einmal eingeloggt ist, also auch ein Mensch, der gar nicht in LinkedIn oder XING Mitglied ist, der über Suchmaschinen das Profil in Teilen angezeigt bekommt. Sie entscheiden, welche Informationen öffentlich und welche privat sind. Und Sie müssen sich überlegen, welche Version öffentlich und welche privat ist. Auch wenn Sie Kontakte bestätigen, können Sie immer wieder einzelne Kontaktelemente freigeben, Sie können die private Telefonnummer zum Beispiel Kontakten einzeln erlauben oder nicht erlauben, die Mobilnummer erlauben oder nicht erlauben. So können Sie Informationen auch selektiv teilen.

Warum LinkedIn/XING?

Nachdem Facebook nun schon mehr als zehn Jahre am Markt ist und viele begeisterte Nutzer immer mehr Freunde gefunden haben, können Sie hier kein steiles, unbegrenztes Wachstum mehr erwarten. Obwohl Facebook interessanterweise gerade so viel Geld wie noch nie mit Werbung verdient.

Fakt ist: Ohne Präsenz in den sozialen Netzwerken können Sie heute in keinem Business mehr wachsen. Sei es, dass Sie selbst Ihre Marke sind, also die Ein-Personen-Firma, oder dass Sie ein spezielles Produkt für Endkunden haben (B2C, wie es so schön heißt). Sie brauchen eine Präsenz in den sozialen Netzwerken – ohne geht es nicht. Da sind zum Beispiel die vielen Blogger, die Werbung für die unterschiedlichen Mode- und Kosmetikhersteller machen und Millionen von Likes und Klicks bekommen. Ob auf ihrer Facebook-Seite oder auf ihrem Twitter-Profil oder ihrem Profil auf Instagram. Leider verkaufen Sie allein durch schicke Bildchen und ein paar Informationen noch lange nichts – und »es verkauft sich schon gar nicht von alleine«. Ganz schlecht ist es, wenn dann zum Beispiel

Ihre Zielgruppe gar nicht genau die sozialen Medien nutzt, in denen Sie sichtbar sind. Macht es Sinn, sich für 150 Euro Likes zu kaufen, damit es so aussieht, als ob Sie bereits viele Follower hätten? Danach haben Sie zwar vielleicht 80 Follower mehr, aber wenn es die falsche Zielgruppe ist, ist die Investition in den Sand gesetzt.

Bei allem Zeitaufwand und der Planung, die die vielen verschiedenen Plattformen im Übrigen kosten, sollte sehr sorgfältig bedacht werden: Wer ist meine Zielgruppe? Wo genau sind die? Wer genau ist das? Wie alt? In welcher Umgebung? Sie kennen das alles, nur: Wir können es gar nicht oft genug betonen.

Ja, bei all der manchmal hektischen Betriebsamkeit wird häufig, gerade in den kreativeren Berufen, eine Plattform sträflich vernachlässigt oder sogar komplett vergessen, nämlich **LinkedIn**.

Sicher, LinkedIn mag nicht die Milliarden User haben, die Facebook hat, und sicherlich werden nie LinkedIn-Messages in Nachrichtensendungen in den Feed-Streifen ganz unten am Bildschirm eingeblendet wie bei Twitter.

Und vielleicht gehören Sie zu denen, die denken: »Ist das nicht nur was für seriöse Businessleute, die einen Job suchen, oder eher eine Headhunting-Jobbörse? Warum sollte ich dafür Zeit investieren?«

Genau aus dem Grund, weil LinkedIn/XING die besten Social-Media-Netzwerke sind, die es gibt. Gerade wenn Sie zum Beispiel ein Blogger sind.

Warum denn nicht mehrere Netzwerke?

Eine gute Frage! Ja, warum sollten Sie sich überhaupt entscheiden müssen? Ja, LinkedIn/XING mögen ja bekannt sein, aber warum denn nicht (auch) Twitter, Facebook, Pinterest, Instagram und Google+?

Wenn Sie jetzt zum Beispiel ein sehr umfangreiches Angebot haben und vielleicht auch schon mit mehr Mitarbeitern ausgestattet sind, die sich um die verschiedenen sozialen Plattformen kümmern können und diese regelmäßig »bespielen«, dann geht das vielleicht.

Sind Sie allerdings eher dünn besetzt, dann müssen Sie sehr sorgfältig entscheiden, denn wie es so schön heißt: Zeit ist Geld. Und Sie können dann nicht mehrere Medien gleichzeitig in sehr guter Qualität bearbeiten. Dann können Sie es sich schlichtweg nicht erlauben, auf zu vielen Hochzeiten zu tanzen. Aber auf einer *richtig*. Fokussieren Sie sich auf das vielversprechendste Forum, wo Ihre Leistung, die Sie mit Ihrem Aufwand erbringen, die wahrscheinlich beste Wirkung und Sichtbarkeit erzielt.

Dazugehören, kennenlernen, Kontakte pflegen

Wenn Sie sich nun auf LinkedIn/XING einlassen (so Sie es noch nicht so intensiv betreiben), was wird Sie erwarten? Auf was für Leute werden Sie dort treffen?

Um Ihnen den Vergleich deutlich zu machen, nehmen wir hier zum Beispiel mal eine Party verglichen mit einer Konferenz.

Bei einer Party ist es doch oft so, dass, auch wenn Sie den Gastgeber nicht persönlich kennen, Sie doch gerne hingehen, weil Ihr Freund Tobias ja da ist. Tobias ist Ihr Freund und hat Sie gebeten, dort hinzukommen. Also haben Sie eine gute Flasche Wein besorgt und sind einfach hingegangen. Obwohl Sie keinen (außer Tobias) dort persönlich kennen, kommen Sie mit wildfremden Leuten ins Gespräch, stellen sich vor, lernen neue nette Leute kennen und haben am Ende des Tages zumindest ein paar neue Bekannte gewonnen.

Was wäre, wenn Sie niemanden auf der Party kennen würden? Den Gastgeber ja sowieso nicht und nicht einmal Tobias? Wahrscheinlich würde man Sie bitten, die Party zu verlassen (man würde Sie rausschmeißen), vielleicht würde jemand die Polizei rufen und wahrscheinlich wäre Ihr Name bei vielen Menschen »geblockt«.

Auf einer Konferenz ist es total normal, niemanden zu kennen. Niemand kennt jemanden. Deshalb sprechen sich dort auch wildfremde Menschen untereinander an und versuchen, ins Gespräch zu kommen. Denn alle Besucher beziehungsweise Teilnehmer »gehören irgendwie dazu«. Und meist ist man sogar froh, wenn einen irgendjemand anspricht, denn man kennt ja meist noch keinen. Und wenn dann noch nette Gespräche und Kontakte dabei herauskommen, wunderbar!

Wahrscheinlich haben Sie es längst erkannt: LinkedIn/XING sind wie Ihre Konferenz. Hier tummelt sich eine Riesenmenge an Kontakten, die (noch mehr) Kontakte kennenlernen wollen.

Wenn Sie jemanden in LinkedIn/XING anschreiben, werden Sie nicht als Spammer oder Stalker wahrgenommen, sondern einfach als jemand, der sein professionelles Netzwerk erweitern möchte.

Ein gutes Netzwerk ist einfach unerlässlich im Geschäftsleben und mit Geld nicht aufzuwiegen. Nicht umsonst gibt es hochbezahlte Profinetzwerker in PR-Agenturen ... vielleicht erinnern Sie noch Namen, unter anderem aus dem politischen Leben.

Das ist doch nur für »Krawattenträger« ...

Manche von Ihnen sind vielleicht in einem kreativen/künstlerischen Bereich tätig und Sie denken, dass Ihre Angebote und Sie selbst nicht in dieses »Krawatten-Businessnetzwerk« passen, da Sie nicht in sterilen Büros arbeiten ... Sie haben Ihre Selbstständigkeit aus Berufung und Begeisterung mit Ihrem Blog, Ihren Entwürfen oder was auch immer angefangen und dachten, die »richtigen« Leute würden sich schon angesprochen fühlen und auf Sie zukommen ...

Sie zweifeln, dass ein Businessnetzwerk für Sie sinnvoll sein könnte? Ein sehr nachvollziehbarer Gedanke – und die Antwort lautet: Aber ja!

Warum macht es für Sie Sinn, sich hier zu zeigen? Es gibt Gruppen für alle möglichen Themen. Und genau diese Gruppen bringen Ihnen neue Kontakte und damit neue Follower. Ob Sie nun als Gruppenthema Hunde, Katzen, Ernährungsberatung, Pilates, Yoga, Schmuckdesign, Reisen oder was auch immer suchen, für fast alles gibt es Gruppen. Und das auch noch regional.

Hier kommt der große Unterschied: Während Sie in Facebook bereits viele solcher »Nicht-Büro-, Business- oder Freizeitgruppen« finden, kommt hier ein großer Vorteil dieser Businessnetzwerke:

Hier gibt es keine »Fan-Seiten«. Sie finden stattdessen Fachgruppen – in denen sich professionelle Mitglieder engagieren. Und auch diese Mitglieder sind Menschen mit weitläufigen Interessen, das heißt, Sie können zu Multiplikatoren oder Empfehlern für Sie werden. Üblicherweise »liken« diese Menschen nicht einfach irgendetwas, sondern sind eher »ernsthaft« an neuen interessanten Trends, Informationen und Kontakten interessiert.

Das heißt für Sie: Wenn Sie sich mit diesen Menschen in Ihrem Kontaktnetzwerk verbinden, dann sind Sie professionell mit Experten verbunden und nicht mit »Followern« oder »Friends« wie in Facebook.

Sie wissen nie, was aus einem Kontakt werden kann

Nehmen wir einmal an, Sie sind ein Trainer, Coach, Speaker oder Berater (also so wie wir), dann können Sie Ihr Angebot gar nicht oft genug bekannt machen. Sie wissen nie, wer gerade einen Coach mit einem bestimmten Schwerpunkt sucht oder einen Vortrag zu einem speziellen Thema.

Das hier ist Ihre ideale Plattform, um Ihren professionellen Kontakten etwas über sich mitzuteilen. Zum Beispiel auf kommende Veranstaltungen aufmerksam zu machen oder Ihren Blog, Newsletter, Podcast zu teilen. Und das Tolle ist, dass Sie regelmäßig »senden« können. (Natürlich sollten Sie es mit dem Veröffentlichungsrhythmus auch nicht übertreiben, sodass die Leute sich genervt fühlen, wenn sie jeden zweiten Tag schon wieder Neuigkeiten von Ihnen lesen und vor allem, wenn alles so ähnlich klingt.)

Viele engagierte Kontakte in LinkedIn/XING sind eher »Vorangeher« als »Follower«.

Das heißt, für die meisten steht »Win-win« im Vordergrund. Gerne werden wertvolle Informationen als »interessant« befunden oder gar geteilt oder weiterempfohlen. So profitieren die Empfehler-Kontakte doppelt von Ihren Neuigkeiten, denn auch sie werden in dem Moment sichtbar, wenn sie diese Neuigkeit empfehlen. Das wiederum kann zur Professionalität in ihrem eigenen Netzwerk beitragen. Und Sie wissen ja selbst: Wenn Sie ein interessanter Netzwerk- oder Gesprächspartner sind, werden Menschen Ihre Nähe eher suchen als sie meiden.

Falls in Ihnen gerade so etwas wie ein »Konkurrenzgedanke« aufkommt, wenn Sie also zum Beispiel denken: »Aber ich kann doch nicht einen Kollegen empfehlen, dann nimmt der mir meine Kunden weg«, dann stehen Sie dazu und trauen Sie sich, ihn zu Ende zu denken. Wenn Sie zum Beispiel ein Coach für Life-Balance sind und Sie kennen einen Präsentationscoach, würden Sie ihn nicht empfehlen? Nur weil er auch ein Coach ist? Jeder hat seinen eigenen Schwerpunkt und seine einzigartige Expertise für eine bestimmte Zielgruppe.

Wenn Sie, wie hier, mit Profis arbeiten, dann werden Sie sehen, dass die meisten ähnlich »ticken«. Und Sie auch gern weiterempfehlen.

Es muss zu Ihnen passen

Nach Ausprobieren von Twitter, Facebook, LinkedIn und XING können wir sagen: Für uns funktionieren LinkedIn/XING prima. Facebook nutzen wir eher privat und Twitter inzwischen gar nicht mehr.

Aber wie immer im Leben: Jeder Mensch ist anders und hat seine eigenen Vorlieben. So wie auch wir im Team ständig neue Tools ausprobieren und oft sehr unterschiedliche Meinungen dazu haben, sollten auch Sie es einfach mal ausprobieren.

Experten oder Profis können noch so viel erzählen oder empfehlen. Am Ende muss es für Sie passen und Ihnen einen Mehrwert oder eine Erleichterung bringen.

Falls Twitter, Facebook und Co. für Sie hervorragend funktionieren und Sie hier Ihre Heimat und Stammkundschaft gefunden haben: Glückwunsch! *Never change a running system.* Aber wenn Sie nicht zufrieden sind mit Ihrem Output und merken: »Hier geht noch mehr, indem ich mich auf einer Plattform richtig fokussiere«, dann sollten Sie LinkedIn/XING unbedingt ausprobieren. Viel Erfolg! Laden Sie uns in Ihr Netzwerk ein ... wir freuen uns!

Wem gehört eigentlich Ihr Profil?

Bevor wir uns ansehen, wie ein gutes Profil aussehen sollte, das Ihnen Aufmerksamkeit bringt – gerade wenn Sie es für den Vertrieb nutzen wollen –, möchten wir kurz ein paar Dinge erwähnen, die Sie bedenken sollten, bevor Sie Ihr Profil erstellen.

Obwohl es nun eigentlich Ihr persönliches Profil ist (falls Sie angestellt sind), so möchten Sie es wahrscheinlich gewinnbringend nutzen, um Ihren Erfolg zu steigern, wovon Sie *und* Ihre Firma dann gemeinsam profitieren. Auch wenn Ihre Firma Ihnen nicht zwangsläufig den Zeitaufwand honoriert, den Sie (vielleicht) dafür benötigen.

Das heißt, Sie müssen gut abwägen, wie viel Zeit Sie hiermit verbringen können und möchten. Also, wie viel an persönlichen Angaben und wie viel an Informationen über Ihre Firma (Angebote, Produkte, Services) möchten Sie veröffentlichen? Gibt es in Ihrer Firma gar jemanden, der mitreden möchte oder Ihnen sogar vorschreibt, wie Sie die Firmeninformationen darstellen sollen?

Es wäre ja unsinnig, dieses Tool nicht zu nutzen. Also informieren Sie sich am besten vorher intern bei Ihrer Marketingabteilung oder Rechtsabteilung, ob es dazu firmeneigene Richtlinien gibt.

Es gibt natürlich auch bestimmte Richtlinien in den Businessnetzwerken, die beeinflussen, wie Sie XING/LinkedIn und Ihr Profil nutzen und gestalten können. Zum Beispiel muss Ihr Foto ein Foto von Ihnen selbst sein und darf kein Firmenlogo oder ein abstraktes Foto sein. Es muss Sie persönlich zeigen. Außerdem können Sie nur ein personengebundenes Profil erstellen und kein Firmenprofil (außer auf Firmenseiten).

Technisch sollten Sie Ihre Kontaktdaten nur in das dafür vorgesehene Kontaktfeld eintragen. Nur Menschen, die Sie als Kontakt bestätigt haben, die also mit Ihnen verbunden sind, können Ihre Kontaktdaten sehen. Das schützt zum einen, verhindert aber gleichzeitig, dass Leute, die Sie (noch) nicht kennen, auf Sie aufmerksam werden können. Also notieren Sie Kontaktdaten oben in Ihren gut sichtbaren Feldern, es beteht jedoch das Risiko, dass LinkedIn, falls das herauskommt, Ihr Profil sperrt, da Sie gegen die Richtlinien gehandelt haben. Und dann sind Sie raus. Alle Kontakte, Verbindungen, Nachrichten werden dann gelöscht.

Arbeiten Sie sich durch den Profil-Erstellungsprozess mit der gleichen Ernsthaftigkeit, wie Sie Ihre Verkaufsstrategien entwickeln, und legen Sie hohe Qualitätsmaßstäbe an.

Bitte beachten Sie immer: Was Sie hier preisgeben, ist öffentlich, und auch Ihre Firmenrichtlinien wollen beachten werden.

Profitieren Sie maximal und teilen Sie so viel wie möglich, aber immer im richtigen Maß. Und jetzt wird es Zeit zu handeln.

Sie sind dran:

1. Prüfen Sie Ihre Firmen-Social-Media-Richtlinie und kontaktieren Sie Ihre Marketingabteilung, ob es spezielle Vorgaben et cetera gibt, wie Sie Ihre Firma, Produkte oder Leistungen in Ihrem LinkedIn- oder XING-Profil darstellen dürfen.

2. Lesen Sie die XING-/LinkedIn-Nutzervereinbarungen sorgfältig durch und stellen Sie sicher, dass Sie auch alles verstanden haben.

Erstellung eines LinkedIn- oder XING-Profils

Positionieren Sie Ihr Profil

Bevor wir loslegen und die Ärmel hochkrempeln, stürzen wir uns erst mal auf Ihr LinkedIn/XING-Profil.

Sie haben verschiedene Möglichkeiten, Ihr Profil zu nutzen, zum Beispiel vertrieblich oder um einen neuen Job zu finden. Das macht einen großen Unterschied bei der Gestaltung Ihres Profils. Wenn Sie LinkedIn/XING zum ersten Mal nutzen, legen viele »einfach erst mal los«, füllen die Felder aus, so gut sie können, und denken nicht darüber nach, was sie damit erreichen wollen. Seien Sie sich vorher darüber im Klaren, wer Ihr Profil lesen soll, mit wem Sie sich gerne verlinken möchten und wen Sie durch Ihr Profil zum Handeln bringen möchten. Erst dann fangen Sie an, die Felder auszufüllen, vor allem auch zu beschreiben, was Sie tun. Dann entscheiden Sie, welche Art von Informationen Sie in den verschiedenen Bereichen Ihres Profils teilen möchten.

Viele Menschen nutzen die Plattform, um einen neuen Job zu finden. Ein Recruiter oder Headhunter sucht nach ganz anderen Dingen in den Profilbeschreibungen. Jobsuchende suchen Kontakte zu potenziellen Arbeitgebern. Hier sind der Lebenslauf und die Erfahrung/Qualifikation ganz wichtig, denn danach suchen Arbeitgeber. Dabei wird viel Erfahrung aus der Vergangenheit aufgezählt. Die verschiedenen Tätigkeiten und Fähigkeiten vermitteln einen Eindruck von der Person.

Sie wollen aber potenzielle (Neu-)Kunden finden, und für potenzielle Kunden ist es wichtig zu lesen, was Sie für diese tun können, und zwar jetzt, heute und morgen. Es geht um *Ihre* Botschaft, Ihr Angebot, das, was Sie für andere tun. Das ist Marketing.

Alles beginnt mit Ihrer Zusammenfassung und Ihrer Überschrift. Hier muss klar und deutlich stehen, was Sie anbieten, Ihr Leistungsangebot muss ersichtlich sein, auch Ihre Erfahrung und was Sie bereits für Kunden getan haben. Wie Sie ihnen geholfen haben, Probleme gelöst haben et cetera.

Auch muss hier stehen, wer Ihr Idealkunde ist, wer am meisten von Ihnen und Ihrem Angebot profitiert. Ja, man wird Sie abklopfen, etwas über Ihre Erfahrungen lesen wollen, mehr über Sie erfahren wollen. Ihre Ausbildung ist von Interesse, ebenso Ihre Auszeichnungen, Zertifikate et cetera. Was weniger interessiert, ist Ihr Lebenslauf, Joberfahrungen, besondere Fähigkeiten. Was wichtig ist: ob *Sie* Ihren Interessenten helfen können.

Das heißt natürlich nicht, dass die anderen Angaben unwichtig sind. Natürlich zählt das auch zu Ihrem Profil, nur eben in einem anderen Maß als zum Beispiel für Arbeitsuchende.

Ihr Fokus sollte nun also auf Ihrer Botschaft liegen. Dazu schlüpfen Sie jetzt einmal in die Schuhe Ihres Interessenten und betrachten Ihr Profil mit einem kritischen Blick: Was nehmen Sie wahr? Kommt das als Botschaft rüber, was Sie vermitteln wollen?

Viele Leute nutzen ihr LinkedIn-/XING-Profil, um ihre Fähigkeiten und Qualifikationen zu zeigen und zu demonstrieren, dass sie wahre Experten sind, aber diese Eigenschaften sind oft nicht die, die ihre potenziellen Kunden interessieren. Als potenzieller Kunde will ich nicht in erster Linie wissen, was Sie für Fähigkeiten besitzen, sondern wie Sie die Probleme Ihrer Kunden lösen.

Oft schrecken die Leute schon zurück, wenn wir ihnen sagen, dass sie ihre Zielgruppe sehr klar definieren müssen. Wenn auch Sie denken, dass Sie doch auch mit so vielen verschiedenen Leuten arbeiten, dann wird es *jetzt* Zeit, sich zu entscheiden und Klartext zu schreiben. Was im Übrigen ja nicht heißt, dass Sie nicht auch andere Kunden haben können.

Wenn Sie selbst nach jemandem suchen, der Ihr Problem löst, dann denken Sie auch: »Hm, ist das der richtige Problemlöser für mich?« Lassen Sie das mal sacken und prüfen Sie Ihr Profil darauf hin immer sehr sorgfältig. Ist Ihre vergangene Erfahrung so wichtig für das, was Sie transportieren möchten?

Arbeiten Sie an Ihrer Positionierung. Wir werden die verschiedenen Schritte gemeinsam durchgehen und wahrscheinlich werden sich immer wieder Änderungen ergeben, das ist völlig normal.

Sie haben unterschiedliche Zielgruppen, die Sie ansprechen, und wollen sich gleichzeitig von Ihren Wettbewerbern abheben.

Sie sind dran:

1. Legen Sie fest, wer Ihr Zielkunde ist.

2. Entscheiden Sie, welche Botschaft(en) Sie Ihren Kunden über Ihr Profil senden wollen.

Optimieren Sie die Auffindbarkeit Ihres Profils

Wie kann man Sie nun leichter in LinkedIn/XING finden?

Die Netzwerke bieten hier keine spezielle Bedienungsanleitung an, wie Sie durch die Suche leichter oder schneller gefunden werden können (wie zum Beispiel SEO/Suchmaschinenoptimierung oder Ähnliches).

Sie können leider nicht die Keywords sehen, die Leute auf Ihr Profil lenken. Das gab es früher einmal. Da die Netzwerke nicht wie Google ankündigen, wenn sie Veränderungen in den Algorithmen vornehmen, ist das Ganze auch ein Stück weit Glückssache. Was Sie jedoch aktiv tun können, ist, Ihre Keywords an den richtigen Stellen zu platzieren.

Bevor wir anfangen, Ihr Profil aufzubauen, müssen Sie eine Entscheidung treffen, für welche Suche, bestehend aus zwei Begriffen, Sie Ihr Profil optimieren wollen. Unter welchen Worten würde man Sie zum Beispiel in Google suchen, um Ihr Angebot oder Sie als Person, vielleicht Ihre Berufsbezeichnung, zu finden?

»Neukundengewinnung« ist eines von Petras Keywords, »Verkaufstrainerin«, »Businesscoach« … Eine Strategie, von der wir Ihnen nur abraten können, ist, Ihr Profil mit Keywords zu überladen und alles aufzuführen, was nur geht. Ja, Sie wollen gefunden werden, aber Sie wollen auch, dass sich die »richtigen« Leute von Ihrem Profil angesprochen fühlen.

Vielleicht haben Sie schon einmal gesehen, dass manche ganz viele Bezeichnungen und Begriffe in ihr Profil packen.

Das alles sagt überhaupt nichts über die Person aus. Außerdem fragen sich viele Menschen dann, ob der/die das wirklich alles kann. Und überhaupt, wie relevant sind diese Informationen?

Je mehr Begriffe Sie aufführen, desto weniger werden Sie in einzelnen Suchen gefunden. Also, auf zwei bis drei Kurzbeschreibungen beschränken und los geht's!

Wo geht es jetzt lang? Als Erstes in Ihrer Headline. Ihre Überschrift braucht mehr als nur Ihre Keywords zur Suche nach Ihnen.

Reduzieren Sie es auf das Wesentliche. Petra zum Beispiel nutzt hier »Neukundengewinnung«.

Als Nächstes kommt Ihre Berufserfahrung. Hier nutzen Sie so oft wie möglich Ihre Hauptbeschreibung (Keyword). Vielleicht gibt es auch Abkürzungen für bestimmte Bezeichnungen in Ihrem Feld, dann bauen Sie diese auch mit ein. Ihre Berufsbezeichnung besteht aus Freitext, und da können Sie etwas freier agieren.

Wenn wir jetzt herunterscrollen, kommen wir zum wichtigsten Teil für Ihre Profil-Suchoptimierung, nämlich zu Ihren Titeln und Bezeichnungen. Die meisten haben hier Bezeichnungen wie zum Beispiel »Key Account Manager« oder »Vertriebsbeauftragter«. Diese Bezeichnungen haben keine Keyword-Wirkung, und das ist in diesem Feld das Wichtigste.

Idealerweise nehmen Ihre Suchbegriffe nicht mehr als ein oder zwei Zeilen Platz in Anspruch. Eine reicht oft nicht aus. Sie sollten Ihre Erfahrungen hier auflisten, ebenso Ihre Bezeichnungen aus anderen Positionen. Das Ganze soll aber kein Lebenslauf sein. Falls Sie auf Jobsuche sind, wollen Sie natürlich etwas anderes aussagen. Die meisten Ihrer potenziellen Kunden wollen eher wissen, wie sie von Ihrer Expertise und Ihrem Angebot profitieren können. Dazu später mehr.

Kommen wir zu den Berufsbezeichnungen. Die sind natürlich auch wichtig bei der Suche nach Ihnen selbst als Person, nämlich wenn auch sie bestimmte Keywords enthalten. Übertreiben Sie nicht, aber Sie können hier ruhig ein wenig mehr schreiben. Wenn Sie LinkedIn/XING eher zum Anbahnen von Kontakten und zum Verkauf nutzen, schauen die Leute oft nicht so detailliert als wenn Sie zum Beispiel auf Jobsuche sind und Ihr Profil von Personalvermittlern sehr sorgfältig gelesen wird.

Die Sparte »Veröffentlichungen« hat auch einen großen Einfluss auf Ihre Suchergebnisse. Veröffentlichungen lassen Menschen nach oben rutschen in den Listen, speziell wenn auch hier die Suchwörter oft vorkommen. Wenn Sie also irgendetwas veröffentlicht haben (Video, Print, Podcast et cetera), nutzen Sie das und verwenden Sie auch hier Ihre Keywords, sodass es Ihrem Profil dient.

Dann gibt es noch die Felder »Berufserfahrungen« und »Kenntnisse«. Nach Kenntnissen kann auch gesucht werden, also sollten auch hier Ihre Keywords vorkommen, sowohl bei den »Kenntnissen« als auch im Feld »Auszeichnungen«.

Wenn Sie nun überlegen, wie Sie in der Suche weiter nach oben gelangen können, und kommen vielleicht auf die Idee, dass Sie sich ja mit so vielen Menschen wie möglich vernetzen können – dann Vorsicht! Wildes Netzwerken muss nicht unbedingt der beste Weg für Sie sein.

Wenn Sie in Gruppen organisiert sind, wird LinkedIn/XING Ihre Gruppenmitglieder als Teil Ihres Netzwerks betrachten. Also beeinflusst die Anzahl Ihrer Gruppen den Platz, den Sie in einer Suche einnehmen, kann Sie also weiter nach oben katapultieren.

Das geht nach erster, zweiter, dritter Ebene, also engagieren Sie sich in Gruppen, es bringt Sie weiter nach oben.

Sie sind dran:

1. Entscheiden Sie sich für Ihre beiden kurzen Sätze, die die Suche nach Ihnen optimieren.

2. Gehen Sie Ihre Berufsbezeichnungen und anderen Inhalte durch, die Sie für Ihr Profil nutzen können, und optimieren Sie diese.

Die oberste Box Ihres Profils – Ihre Headline

Diese Box wird am meisten wahrgenommen. Hier entscheidet sich, ob der Profilbesucher weiterschaut oder nicht.

Im ersten Feld steht Ihr Name.

Das Feld unter Ihrem Namen ist Ihre Überschrift oder Headline. Wenn Sie also Ihre Berufserfahrung ergänzen, wird LinkedIn diese Zeile automatisch mit Ihrer Position/Tätigkeit ausfüllen. Ihre persönliche Headline ist so wichtig, weil damit Ihr Profil in Suchergebnissen gefunden wird. Hier darf Ihre Information aussagen: »Bitte, wählen Sie mich!«

Wie füllen Sie dies nun aus?

Sie beantworten drei Fragen: Was tun Sie beruflich in welcher Funktion, für wen tun Sie's und welche Ergebnisse erreichen Sie für Ihre Kunden?

Ihre Headline ist so wichtig, damit ihre Besucher »Ja« zu Ihnen sagen können.

Im Übrigen sind auch die Angaben zu Ihrer Postleitzahl und Ihrer Branche wichtig. Denn so werden Sie bei Suchanfragen berücksichtigt und gefunden oder eben nicht. Oft wird übrigens nach Branchen oder Regionen gesucht.

Sie sind dran:

1. Schreiben Sie eine knackige Headline, die den Leuten sagt, was bei Ihnen besonders ist und was sie von Ihnen bekommen können.

2. Füllen Sie Ihren Standort (PLZ) und Ihre Branche aus, damit Sie gefunden werden können.

Ihr Profilfoto

Beachten Sie unbedingt die Auflösung und Größe des Fotos und dass auch das ganze Feld ausgefüllt ist und kein Spalt oder Balken bleibt.

Sie können auch einen Bildausschnitt nehmen, wenn Sie zum Beispiel jemand auf einem Event gut getroffen hat und das Foto eine gute Qualität hat.

Aber unsere Empfehlung lautet: Gehen Sie zu einem Fotografen und lassen Sie professionelle Bilder von sich machen. Sagen Sie dort auch, dass Sie keine klassischen Bewerbungsfotos brauchen, sondern die Bilder für Ihre Onlinepräsenz benötigen. Sie können diese Fotos für mehrere Jahre einsetzen, dann relativiert sich der Preis für die Bilder. Neben LinkedIn/XING können Sie das gleiche Bild für Twitter einsetzen, für Ihre Website, Broschüren, Visitenkarte et cetera.

Und nochmals: Das ist kein Bewerbungsfoto (und dennoch sehen die Fotos leider oft genug so aus).

Wer darf Ihr Foto sehen? Wir empfehlen, hier immer »Jeden« zu aktivieren.

Die Farben und Kontraste sollten stimmen (oder Sie nehmen ein gutes Schwarz-Weiß-Foto). Ebenso die Botschaft, die Sie transportieren wollen. Wie kompetent/freundlich/offen/ernst/humorvoll wollen Sie rüberkommen?

Sie sind dran:

1. Suchen Sie ein passendes Foto für Ihr Profil.
2. Überprüfen Sie Größe und Format und laden Sie es hoch.
3. Es sollte Sie unbedingt Ihr Gesicht im Foto zu sehen sein (falls Sie einen Ausschnitt benutzen).

Kontaktinformation

Hier geben Sie Ihre üblichen Kontaktdaten ein wie E-Mail-Adresse, Telefonnummern, Webseitenlinks, Twitter-Adresse, Skype ... all die Adressen und Nummern, wo Sie Leute hinschicken wollen, damit diese Informationen über Sie außerhalb von LinkedIn/XING finden.

Sie können hierbei wiederum wählen, welche Informationen für alle sichtbar sein sollen und welche nur für Ihre direkten Kontakte.

Wenn Sie Twitter nutzen, sollten Sie unbedingt Ihren Twitter-Account hinzufügen. Je nachdem, ob das in Ihrer Zielgruppe Sinn macht oder nicht. Dann können Sie sich auch hier gegenseitig folgen.

Wo sollen Ihre Besucher noch klicken? Haben Sie vielleicht ein E-Book veröffentlicht, das heruntergeladen werden kann? Dann veröffentlichen Sie diesen Link! Binden Sie das in Ihre Marketingstrategie mit ein. Geben Sie kostenfrei Informationen und Wissen weiter? Oder vielleicht auch Podcasts?

Sie sind dran:

1. Telefonnummer, Mailadresse eintragen.

2. Passen Sie Ihre Webseitenlinks an.

3. Fügen Sie Ihren Twitter-Account hinzu, wenn Sie einen solchen nutzen.

Ihre Berufserfahrung

Der Bereich »Berufserfahrung« (manche nennen es auch den Lebenslauf) zeigt Ihre Erfahrungen und bisherigen Stationen in Ihrem Berufsleben.

Wenn Sie auf Jobsuche sind, sieht Ihr Lebenslauf hier etwas anders aus, als wenn Sie auf der Suche nach neuen Kunden sind. Also müssen Sie Ihre Wortwahl auf die Kunden, die Sie anziehen wollen, abstimmen. Normalerweise legen Kunden nicht so viel Wert auf Ihre bisherigen Erfahrungen, aber das Gesamtpaket muss stimmen und sie wollen sichergehen, dass Sie auch wenigstens das ausreichende Maß an Erfahrung haben, damit sie sich für genau Sie entscheiden können.

Ihre Angaben hier beeinflussen die Suchmaschinenoptimierung in LinkedIn/XING. Ihre Titel und Ihre Schlüsselwörter in der »Berufserfahrung« haben großen Einfluss hierauf.

Tipp: Fassen Sie nicht zu viel zusammen, sondern führen Sie Ihre Stationen eher einzeln auf. Wir gleichen oft Erfahrungen und Stationen ab und schauen, ob wir da nicht auch jemanden kennen, und schon ist uns der andere vertrauter. Beschreiben Sie auch verschiedene Positionen und Tätigkeiten in ein und derselben Firma als separate Positionen. Das schafft eine ganz andere Wahrnehmung und Transparenz. Je nachdem, wofür oder als was Sie gefunden werden möchten.

Wenn Sie bei Ihrer aktuellen Tätigkeit/Position angekommen sind, arbeiten Sie an Ihrer Profilüberschrift. Normalerweise wird Ihre aktuelle Tätigkeit direkt bei Ihrem Namen angezeigt. Bitte deaktivieren Sie diese Box. Warum? Weil Sie angezeigt bekommen wollen, für wen Sie was tun, wie Sie Probleme lösen oder Ergebnisse produzieren. Nun müssen Sie unbedingt noch eine kurze Beschreibung neben »Ihre Tätigkeit« ergänzen (wie beim Lebenslauf). Nur schauen Sie jetzt aus Kundensicht darauf und stimmen Ihre Kurzbeschreibung ab. Ebenso können Sie eine andere Beschreibung (zum Beispiel Speaker, Autor, Trainer, Berater, Coach et cetera) hinzufügen und die Reihenfolge anpassen, je nachdem wiederum, wie Sie wahrgenommen werden wollen.

Denken Sie genau über Ihr Profil nach.

Sie sind dran:

1. Aktualisieren Sie Ihre Berufserfahrung.

2. Optimieren Sie Ihre Berufsbezeichnungen/Titel nach den Suchkriterien.

3. Wägen Sie ab, ob Sie Ihre verschiedenen Funktionen auflisten, wenn Sie lange Zeit oder immer nur in einer Firma tätig waren/sind.

»Über mich« – Ihre Profil-Zusammenfassung

Neben Ihrer Überschrift ist das der wichtigste Bereich. Die Zusammenfassung ist die Verkaufsbroschüre zu Ihrer Person (unter »Portfolio« in XING oder »Über mich«-Zusammenfassung in LinkedIn). Wenn jemand das liest, entscheidet er anhand dessen, ob er Sie kontaktiert oder nicht. Hier ist die Reihenfolge entscheidend, mit der Sie den Leser »abholen«.

Beschreiben Sie sich nicht, als würden Sie einen neuen Job suchen. Stellen Sie zum Beispiel nicht Ihre hervorragenden Verkaufsfähigkeiten heraus und was Sie bereits erreicht haben. Das sind eher Punkte, die potenzielle Arbeitgeber oder Personalvermittler lesen möchten. Stellen Sie etwas von sich heraus, von dem Sie annehmen, dass es für einen (potenziellen) Kunden wichtig ist. Beschreiben Sie, was Sie tun, für wen Sie's tun, welche Ergebnisse und Aufgaben Sie erzielen/angehen und beschreiben Sie es so genau wie möglich.

Für wen Sie arbeiten, beschreibt Ihre Zielgruppe. Je klarer Sie diese beschreiben, desto erfolgreicher sind Ihre LinkedIn-/XING-Marketingaktivitäten. Arbeiten Sie eher für kleinere Betriebe? Für DAX-Unternehmen? Handwerksbetriebe? Weltweite Konzerne? Spezialisiert auf Automobilzulieferer?

Haben Sie keine Angst, Sie könnten jemandem entgehen oder jemand könnte sich nicht angesprochen fühlen. Das Gegenteil ist oft der Fall. Ihre Ergebnisse hängen natürlich davon ab, was Sie verkaufen. Produkt oder Dienstleistung oder Ihre eigene Beratung/Leistung. Daher sollten Sie die Ergebnisse auch entsprechend näher beschreiben. Wenn Sie sie in Zahlen ausdrücken können, umso besser. Auch wenn Sie sie nicht genau beschreiben können, drücken Sie sie so genau und detailliert wie nur möglich aus, vielleicht bildhaft.

Das geht in Richtung Ihrer Alleinstellungsmerkmale (USPs).

Denken Sie beim Schreiben vorher darüber nach, was Ihre Alleinstellungsmerkmale sind, warum Kunden Sie beauftragen. Nutzen Sie häufig das Wort »ich« und bringen Sie Ihre Kontakte dazu, aktiv zu werden und Sie zu kontaktieren. In Ihrer Zusammenfassung haben Sie 2 000 Zeichen zur Verfügung (zum Beispiel in LinkedIn). Also müssen Sie sorgfältig entscheiden, wie Sie diese verwenden wollen.

Wenn Sie im Verkauf tätig sind, ist Ihre Zusammenfassung Ihr Elevator Pitch (ob man ihn mag oder nicht). Vielleicht denken Sie (falls Sie angestellt sind), dass Sie nicht unbedingt noch Marketing für Ihre Firma mit Ihrem LinkedIn-Profil machen wollen, aber werden Sie zum Beispiel provisionsabhängig bezahlt? Dann müssen Sie sich und Ihre Firma gut verkaufen! Wichtig ist, dass sich die angesprochene Zielgruppe angesprochen fühlen muss.

Hier ein Beispiel:

»Ich bin Business Development Manager und helfe meinen Kunden, ihre IT-Infrastruktur optimal zu gestalten.« (Ich-Position!)

»Wir sind als Firma vor allem auf Data-Center-Infrastruktur fokussiert und verfügen als Team zusammengerechnet über 300 Jahre an geballter IT-Erfahrung in unterschiedlichen Feldern. Wir gehen dabei nach einem bewährten Beratungsansatz vor.«

»Ich persönlich arbeite mit meinen Kunden in Win-win-Situationen« (beschreibt den Ansatz und die Art der Kundenbeziehung). Wie lautet nun Ihre Zusammenfassung?

Sie sind dran:

1. Beschreiben Sie Ihre Zielgruppe.

2. Beschreiben Sie die möglichen USPs für diese Zielgruppe.

3. Schreiben Sie Ihre Zusammenfassung aus der ersten Person heraus (ich!) und wenden Sie sich direkt an Ihre Zielgruppe (ähnlich wie ein Elevator Speech).

Ausbildung, Zertifikate und Co.

Hier geht es um Ihre Ausbildung und Qualifikation. Welche Abschlüsse haben Sie erreicht?

Wenn Sie zum Beispiel Ihre Universität dort aufführen, kann es sein, dass Sie über die Suche nach Ihrer Universität andere ehemalige Studenten finden, und davon kann jemand heute Ihr Zielkunde sein, weil er inzwischen in einer Firma arbeitet, die genau zu Ihrer Zielgruppe gehört.

Manche Menschen möchten ungern persönliche Angaben machen, das ist verständlich. Trotzdem ist dies nicht der Moment für falsche Bescheidenheit. Ihre Auszeichnungen verleihen Ihnen Glaubwürdigkeit!

> Sie sind dran:
>
> 1. Listen Sie Ihre Abschlüsse auf.
> 2. Welche zusätzlichen Fortbildungen haben Sie besucht?
> 3. Welche sind speziell für Ihre Branche/Ihr Profil relevant?

Veröffentlichungen

Auch Ihre Veröffentlichungen untermauern ihre Glaubwürdigkeit und Ihre Expertise. Ob Sie ein Buch geschrieben haben, einen Imagefilm oder ein Video gedreht haben, verlinken Sie es hier und führen Sie die Besucher mit einem Klick dahin. Auch wenn Sie etwas als Gastautor (Blog oder Zeitschrift) veröffentlicht haben, verlinken Sie es!

Vielleicht wurden Sie auch einmal interviewt oder waren zu Gast in einem Podcast, in einer Radiosendung oder im Fernsehen …

Denken Sie einmal nach, wie kreativ Sie diese Spalte für sich nutzen können.

> Sie sind dran:
>
> 1. Wählen Sie sorgfältig aus, welche Veröffentlichungen Sie öffentlich zeigen wollen.
> 2. Prüfen Sie die URL, unter der das Buch oder Ihr Artikel gefunden werden kann. (Funktioniert die URL noch?)

Auszeichnungen und Preise

Noch mehr Beweise für die Glaubwürdigkeit! Auszeichnungen und Preise sind so hilfreich, gerade wenn Menschen Sie noch nicht persönlich kennen.

Wenn Sie nun denken: »Oh, ich habe doch gar nichts in meinem Leben gewonnen … « werden Sie kreativ. Vielleicht haben Sie in der Vergangenheit im Rahmen einer Veranstaltung oder Organisation mitgewirkt (vielleicht sogar unentgeltlich), aber es war schon eine Ehre, dort eingeladen zu werden (zum Beispiel TEDx)? Listen Sie unbedingt auf, für wen/bei wem das war.

Wenn Sie zum Beispiel von einer Firma oder einem Veranstalter eingeladen wurden, vielleicht Vorträge gehalten haben, führen Sie diese auf! Die Meldung taucht in ihrem Newsfeed auf und erhöht Ihre Sichtbarkeit sowie Ihre Glaubwürdigkeit.

Sie sind dran:

1. Listen Sie alle Auszeichnungen auf.

2. Gleichen Sie sie an Ihre Keywords in LinkedIn an.

3. Korrigieren Sie gegebenenfalls die Reihenfolge (die besten oder neuesten nach vorne).

Projekte

Ursprünglich wurde dieser Bereich einmal für Studenten geschaffen, die noch keinen Job hatten, aber andere wertvolle Erfahrungen aufweisen konnten.

Sie können das Feld heute vor allem für ausgewählte Veranstaltungen/Projekte/Case Studies nutzen, bei denen Sie tätig oder involviert waren, wo Sie zu einem Vortrag gebeten wurden oder wo es eine Ehre war, dabei gewesen zu sein.

Vielleicht gab es auch etwas in Ihrer bisherigen Erfahrung, das Ihre Bandbreite und Flexibilität zeigt (Auslandsaufenthalt et cetera). Wenn vorhanden, können Sie dies hier entsprechend verlinken. Wenn es sogar noch Kommentare beziehungsweise Referenzen dazu gibt, umso besser.

Vielleicht finden Sie da auch weitere alte oder neue Kontakte (wieder). Gestalten Sie Ihr Profil so, dass es Sie als Person hervorhebt, denn darum geht es.

Sie sind dran:

1. Gehen Sie gedanklich Ihre Vergangenheit durch und finden Sie Abschnitte, die Sie als »Projekt« definieren können.

2. Beschreiben Sie die Details und finden Sie weitere Mitspieler.

3. Listen Sie alles auf.

Kenntnisse und Fähigkeiten

Es gibt bis zu 15 Fähigkeiten, die Sie auswählen können und die Ihre Kontakte bestätigen können. Sie müssen das nicht freischalten und erlauben, aber es hält den Traffic auf Ihren Kontakt lebendig. Wenn Sie erlauben, dass andere Ihre Fähigkeiten bestätigen, wird sich die Reihenfolge Ihres Rankings verändern, je nach Anzahl der erfolgten Bestätigungen.

Ebenso können Sie Fähigkeiten und Kenntnisse weiterempfehlen. Sie können das »Empfehlungsspiel« auch abschalten. Wenn Sie andere bestätigen, was auch ein netter Zug ist, erhöht das sowohl deren als auch Ihre Sichtbarkeit und Sie werden den Kontakten ihrer Kontakte eher auffallen.

In Ihren Newsfeeds tauchen dann auch Meldungen auf wie »Anthonys Fähigkeit Unternehmertun wurde bestätigt«. Jeder in Ihrem Netzwerk bekommt diese Meldung zu sehen, und jeder im Netzwerk der Person, die Sie bestätigt hat, sieht sie ebenfalls. So können Sie Ihr Netzwerk gezielt unterstützen und werden unterstützt. Eine Bestätigung der Kenntnisse/Fähigkeiten ist zwar noch keine gezielte Empfehlung. Aber es ist zumindest ein Schritt in diese Richtung, unterstützt vom Algorithmus.

Die Bestätiger unterstützen andere in der Regel gerne, und genau das sollten Sie auch tun. Wenn Sie die Kontakte nicht kennen, ist es schwieriger, etwas zu bestätigen. Aber es erhöht auf jeden Fall die Sichtbarkeit, speziell für die Schlüsselfähigkeiten in LinkedIn, die ja wiederum wichtig sind für die gezielte Suche.

Wenn auch Sie gefunden werden wollen, sollten Sie das auf jeden Fall nutzen und auch selbst aktiv bestätigen.

> **Sie sind dran:**
>
> 1. Fügen Sie Ihre Fähigkeiten zu Ihrem Profil hinzu.
> 2. Passen Sie die Fähigkeiten so an, dass sie zu Ihnen passen und Sie sich damit gut fühlen.

Hinzufügen von Mediadateien

Hier können Sie ganz einfach Mediadateien zu Ihrem Profil hinzufügen.

Entweder Sie fügen einen Link hinzu oder Sie laden selbst ein Video oder eine andere Datei (Word, PDF) hoch. Es sollte nur nicht etwas sein, das Sie irgendwo im Web heruntergeladen haben.

Es gibt Grenzen bei der Größe und Art von Dateien. Wenn der Upload nicht funktioniert, liegt meist eine Überschreitung des Volumens vor. Einige Hundert Megabyte sind die Richtgröße für direkt in LinkedIn geladene Dateien. Für zum Beispiel SlideShare oder andere Anwendungen, die Ihnen erlauben, Ihre Datei zu verwenden, nutzen Sie am besten die Verlinkung.

Direkt hochladbare Dateitypen sind: Präsentationen, PDFs, PowerPoint, PNG, GIF oder JPEG für Bilder. Klicken Sie auf »Hochladen«, und dann geht's weiter.

Bei »Link zufügen« können Sie unter »Hilfe« sehen, welche Arten von Dateien Sie verlinken können. Am wichtigsten sind hier YouTube und Vimeo. Ebenso können Sie Audiodateien verlinken, wie zum Beispiel Podcasts oder auch Präsentationen; SlideShare ist hier am bekanntesten. Flickr und Instagram sind nicht aufgeführt.

Die Mediadateien können zum Beispiel in der Zusammenfassung ganz unten erscheinen. Leider können Sie die Reihenfolge oder Einbettung der Dateien nicht verändern.

Ein anderer Ort, an dem die Dateien gut wirken können, ist unter »Erfahrungen« (zum Beispiel könnte für Ihre unterschiedlichen Jobs jeweils ein Video erscheinen). Entscheiden Sie, ob Sie Ihre Dateien nur an einer oder an mehreren Stellen in Ihrem Profil zeigen wollen.

Achten Sie darauf, dass Sie Ihren Text aussagekräftig gestalten, damit Sie diesen immer wieder verwenden können.

Sie sind dran:

1. Entscheiden Sie, welche Mediadateien etwas über Sie aussagen, und fügen Sie diese Ihrem Profil hinzu.

2. Wählen Sie den Ort, an dem die Datei in Ihrem Profil erscheinen soll.

Empfehlungen bekommen

Empfehlungen sind einer der wichtigsten Vorteile von LinkedIn. Damit Ihr LinkedIn- oder XING-Profil nicht nur eine reine Sammlung von Kontaktdaten ist und damit »nur« ein besseres elektronisches Adressbuch, macht es Sinn, wenn wir Empfehlungen von anderen bekommen, die andere wiederum als Suchwörter benutzen können, wenn jemand in LinkedIn oder in XING eine Person sucht, die Ihre Fähigkeiten besitzt.

Wie aber bekommt man entsprechende Empfehlungen? Der erste Schritt ist, dass man im Profil die Empfehlungen auf »sichtbar« stellt. Alle Empfehlungen sind mit einem speziellen Job und einer speziellen Ausbildung beziehungsweise Qualifikation verbunden. Wenn man selber noch keine Empfehlungen vorliegen hat, wird eine entsprechende Funktion »Empfohlen werden« angeboten. Wenn man später das Profil verändert und eine Ausbildung oder einen anderen Bereich löscht, verschwindet damit allerdings auch die verbundene Empfehlung.

Wenn man selber jemanden empfiehlt, kann man diese Empfehlung nicht wieder komplett löschen. Deswegen ergibt es natürlich Sinn, dass man nur Menschen empfiehlt, die man wirklich kennt, und dazu benutzt man nicht den automatischen Empfehlungsbutton. Es ist sinnvoll und angeraten, aktiv um Empfehlungen zu bitten. Wenn Sie also Kollegen haben, die mit Ihnen in einem Projekt gearbeitet haben und die auch in LinkedIn oder XING aktiv sind, dann benutzen Sie deren Empfehlung, um Referenzen zu bekommen.

Für einen Außenstehenden untermauert jede Empfehlung die eigene Glaubwürdigkeit und die Aussage bekommt einen höheren Stellenwert, wenn sie von anderen aktiv als Empfehlung untermauert wurde.

> Sie sind dran:
>
> 1. Schreiben Sie drei Kontakte an und bitten sie um eine persönliche Empfehlung.
>
> 2. Schreiben Sie selber drei Empfehlungen für Kontakte, auf die Sie aktiv zugehen.
>
> **Wichtig dabei:** Es sollten nicht die gleichen Personen sein, von denen man selbst empfohlen werden möchte.

Ihre Netzwerk-Philosophie

Wie nutzen Sie nun diese sozialen Netzwerke und Ihr inzwischen attraktiv gestaltetes Profil für Ihr Marketing?

Ein gutes Netzwerk hilft Ihnen, neue und sinnvolle Kontakte zu knüpfen. Sie können hier verschiedene Filter wählen: Ort, Funktion, Titel. Danach können Sie Ihre Kontakte filtern. Es gibt auch noch die »Erweiterte Suche«, sehr gut und hilfreich für die Akquise.

Ihre erste Kontaktebene ist die Ebene, die für Sie zwar sehr wertvoll ist, aber der monetäre Wert kommt aus der zweiten Kontaktebene. Ihr Ziel muss es sein, mit Kontakten dieser Ebene in Verbindung zu kommen, und zwar aus Ihrer Zielgruppe. Ihr größtes Potenzial liegt in der zweiten Ebene. Das sind die Kontakte Ihrer eigenen direkten Kontakte. Hier möchten Sie gern vorgestellt werden und mit Leuten in Kontakt kommen.

Eine andere interessante Ebene ist die Gruppenebene.

> Ihre Philosophie des Netzwerkens ergibt sich aus Ihren Antworten auf folgende Fragen:
>
> • Was genau wollen Sie mit Ihrem Netzwerk erreichen?
>
> • Mit wem wollen Sie in Verbindung treten?
>
> Dabei sollten Sie beachten, dass das Netzwerken auf lange Zeit ausgerichtet ist.

Wir haben überwiegend Leute in unserem Netzwerk, die wir kennen oder zumindest irgendwo mal getroffen haben oder mit denen es bestimmte Gemeinsamkeiten gibt, statt einfach nur eine große Anzahl an Kontakten. Manche Menschen sammeln wie wild Kontakte und machen einen Wettbewerb daraus. Nur was bringt das? Auch mit unserem Ansatz kann man mit der Zeit mehrere Hundert Kontakte zu seinem Netzwerk zählen – und die haben dann echte Qualität. Machen Sie sich zunächst klar, *wen* Sie ansprechen beziehungsweise einladen wollen. Welche Einladungen nehmen Sie an?

> Sie sind dran:
>
> 1. Legen Sie Ihre eigene Philosophie fest.
>
> 2. Analysieren Sie Ihr Netzwerk nach dem Potenzial der zweiten Ebene.
>
> 3. Analysieren Sie Ihre zweite Ebene und die Gruppenebene und prüfen Sie, ob Sie an Ihrer Ausrichtung etwas verändern müssen.

Einladungen akzeptieren

Nachdem Sie nun Ihre Philosophie festgelegt haben, ist es wichtig, dass Sie entscheiden, welche Einladungen Sie annehmen und welche Sie ablehnen. Manch einer ist zu LinkedIn/XING gekommen, weil er eingeladen wurde. Wenn man noch neu dabei ist, tendiert man dazu, eher passiv zu sein, und wird eher Einladungen annehmen, als sie abzulehnen, einfach deswegen, weil man schnell Kontakte knüpfen möchte. Vielleicht werden Sie aber mit der Zeit mutiger und laden auch selbst Leute in Ihr Netzwerk ein.

Wie können Sie nun testen, ob Ihre Kontakte qualitativ für Sie von Nutzen sind? Und was können Sie veröffentlichen, um Ihr Netzwerk zu aktivieren?

Unter »Ausstehende Einladungen« finden Sie Einladungen, auf die Sie noch nicht geantwortet haben. Neben den Leuten, die Sie aktiv eingeladen haben, gibt es auch noch die Kontakte, die Ihnen LinkedIn/XING vorschlägt, mit denen Sie sich verbinden könnten.

Mit wem sollen Sie sich verbinden?

Bekommen Sie auch manchmal Einladungen ohne jegliche Begründung dazu, warum jemand mit Ihnen in Kontakt treten möchte? Ich persönlich nehme diese nur selten an, es sei denn, ich denke, wir könnten beide voneinander profitieren.

Wenn Sie also eine große Anzahl von Einladungen erhalten, könnten Sie zum Beispiel eine Antwort schicken wie diese: »Danke für Ihre Einladung. Da ich kein offener Netzwerker bin, aber durchaus daran interessiert, jemanden zu empfehlen und anderen vorzustellen, würde ich sehr gern wissen, was Ihre Motive hinter dieser Anfrage sind. Und wenn ich (noch) keine wirkliche Beziehung zu jemandem habe, kann ich das nicht einschätzen.« Wenn Sie darauf eine Antwort bekommen, gut, wenn nicht – auch gut.

Was tun Sie, wenn Sie überhaupt kein Interesse haben? Die Einladung ignorieren und löschen.

Was tun Sie, wenn jemand, der in direktem Wettbewerb zu Ihnen steht, Sie einlädt? Ich würde schreiben: »Vielen Dank, normalerweise verbinde ich mich nicht mit Wettbewerbern, bis ich einen gewissen Vertrauensgrad aufgebaut habe. Können Sie mir bitte ein paar mehr Hintergrundinformationen geben?«

Was, wenn Ihr Mitbewerber plötzlich in Ihrem Kontaktpool wie wild akquiriert?

Wir persönlich möchten unsere Kontakte gern weiterhin sichtbar halten. Daher empfehlen wir folgende Schritte.

Sie sind dran:

1. Erstellen Sie Ihre eigene Mailvorlage, in der Sie um weitere Informationen bitten, um eine Entscheidung treffen zu können. Speichern Sie sie leicht auffindbar ab.

2. Betrachten Sie Ihre bisherigen Einladungen und überlegen Sie gut, was Sie tun oder besser nicht tun.

3. Legen Sie eine Strategie fest, wie Sie mit Leuten umgehen, die Sie überhaupt nicht kennen, und mit Mitbewerbern.

Leute finden, die Sie einladen können

Sie kennen eine Menge Leute, haben schon viele davon in Ihrem Adressbuch oder Ihrer Kontaktdatenbank gespeichert und manche erst vor einiger Zeit neu kennengelernt. Wenn Sie eine Visitenkarte von ihnen haben, können Sie in der LinkedIn-/XING- Suche nach ihnen suchen. Und schon sind Sie auf anderer, digitaler Ebene verbunden, und das ist mehr, als sich nur einmal getroffen zu haben.

Wir halten nicht viel davon, Einladungen an importierte Adressen zu schicken, obwohl Sie eine Menge davon von LinkedIn/XING vorgeschlagen bekommen. Wenn Sie dabei irgendetwas Kleingedrucktes übersehen, verschicken Sie an jeden Kontakt, den Sie in Ihrem Adressbuch haben, eine Einladung.

Unsere Empfehlung: Gehen Sie in Ihren Kontaktmanager und bestimmen Sie selbst *manuell*, wen Sie einladen möchten und wen nicht. Es ist gut, Ihre Adressen zu importieren, aber erst danach verschicken Sie *manuell* Ihre Einladungen.

Wie Sie jemanden professionell einladen, sich mit Ihnen zu verbinden

Sie wollen nicht sein wie alle anderen und den kurzen, allgemein gehaltenen, von LinkedIn/XING vorgeschlagenen, unpersönlichen Standard-Einladungstext verwenden? Denn dadurch sinkt die Wahrscheinlichkeit, dass Sie Ihre Einladung bestätigt bekommen.

Nehmen wir einmal an, Sie haben bei einer Veranstaltung eines Kunden jemanden kennengelernt und entscheiden, dass dieser Kontakt in Ihr Netzwerk gehört.

Ihre Nachricht sollte schnell auf den Punkt bringen, warum Sie sich mit dem anderen vernetzen wollen. Sie könnte zum Beispiel so lauten: »Herr … / Frau … hat uns neulich per E-Mail einander vorgestellt und meinte, wir beide könnten voneinander profitieren. Was halten Sie von einem kurzen Telefonat? Wollen wir beide uns auch hier vernetzen?« Achten Sie auf einen höflichen, respektvollen Umgangston.

Vielleicht können Sie auch noch mehr Einladungsvorlagen kreieren und diese entsprechend nur noch personalisieren. Zum Beispiel könnte ihr Text auch so lauten: »Ich freue mich, dass sich unsere Wege neulich gekreuzt haben, und würde sehr gerne unsere Beziehung auf LinkedIn/XING fortsetzen und vertiefen. Hätten Sie Lust, sich mit mir zu vernetzen?« Nett, persönlich und höflich. Natürlich müssen Ton und Stil zu Ihnen als Person passen.

Und wer weiß, was sich aus einem Kontakt ergeben kann? Manchmal tolles Business, tolle Empfehlungen oder sogar Partnerschaften (beruflich wie privat).

Achten Sie darauf, dass Sie interessante Kontakte möglichst kurz nach Ihrem Treffen einladen. Am besten direkt nach einer Veranstaltung, auf der Sie die Person kennengelernt haben. Oder sie blocken sich einmal in der Woche regelmäßig ein Zeitfenster, in dem Sie Ihre

Visitenkarten durchsehen und die ausstehenden Einladungen verschicken.

Sie sind dran:

1. Überlegen Sie gut, wenn Sie einladen wollen.

2. Laden Sie jeden ein, den Sie kennen und von dem Sie annehmen, dass er Ihnen gerne hilft und positiv gestimmt ist.

3. Gehen Sie, sofern Sie die Zeit dazu haben, einmal pro Woche oder einmal pro Monat Ihre Kontakte durch und überprüfen Sie diese. Verschicken Sie noch ausstehende Einladungen.

Premium oder »kostenlose« Mitgliedschaft?

Hier ist die Antwort ganz klar: Wenn Sie auf der Suche nach potenziellen Kontakten für Ihre eigene Akquise sind, sollten Sie mindestens eine Premium-Funktion (bei **XING**) nutzen.

LinkedIn bietet hier verschiedene Tarife an:

Davon ist für die Akquise das Angebot »Neue Vertriebspotenziale erschließen« für derzeit 47,99 Euro im Monat das wichtigste. Diese Funktion können Sie bei LinkedIn einen Monat kostenlos testen. Besonderheiten sind hier das erweiterte Suchen, Empfehlen und Speichern von Leads, uneingeschränkte Profilsuche, unbegrenzter Zugriff auf alle Profile in Ihren Suchergebnissen einschließlich Kontakten dritten Grades – Sie sehen, wer sich in den letzten 90 Tagen für Ihr Profil interessiert hat. Sehr komfortable Eigenschaften also, für die sich der Preis durchaus lohnen kann. Auch haben Sie hier drei beziehungsweise 15 Nachrichtenanfragen inklusive, Sichtbarkeit auf das volle Profil und mehr Suchfilter zur Auswahl als bei der »normalen« Mitgliedschaft.

Bei **XING** gibt es nur eine Premium-Funktion (derzeit 7,95 Euro im Monat), die unter anderem auch eine erweiterte Suche und prominentere Darstellung der eigenen Fähigkeiten bietet.

Wir können Ihnen nur dazu raten, mindestens die XING-Premium-Mitgliedschaft zu nutzen. Denn nur so können Sie sehen, wer Ihr Profil besucht hat.

Bei beiden Netzwerken gibt es Ersparnismöglichkeiten, wenn Sie sich zum Beispiel für eine längere Laufzeit entscheiden.

Da letztendlich die Suchkriterien in der Akquise enorm wichtig sind, sollten Sie sich auf jeden Fall für ein Premiumpaket entscheiden!

Sie sind dran:

1. Entscheiden Sie, welcher der Tarife und welches der Angebote für Sie am besten ist.
2. Wenn Sie unsicher sind, nutzen Sie auf jeden Fall den Gratistest.

Die richtige Suche – Entscheidungsträger oder Endanwender?

Machen wir uns nichts vor: Alle Verkäufer wollen am liebsten nur mit der Person reden, die die Entscheidungen trifft. Funktioniert das immer so reibungslos in der Praxis? Nein, leider nicht. Nicht jeder Entscheider offenbart sich im Netzwerk mit seinem Titel (weil er zum Beispiel nicht von so vielen Verkäufern kontaktiert werden will). Daher kann es manchmal sinnvoll sein, den Umweg über den Nutzer oder Anwender Ihres Produkts/Ihrer Leistung zu gehen. Wenn Sie die Möglichkeit haben, über die Suchfilter gute Suchergebnisse zu bekommen, nutzen Sie diese Kontakte und machen Sie diese zu Helfern in Ihrer Akquisestrategie.

Wenn Sie zum Beispiel eine Software an Anwaltsfirmen verkaufen, die normalerweise von den Gesellschaftern genehmigt und gekauft wird, die diese selbst aber nicht oder kaum nutzen, sondern eher deren Assistentinnen und Assistenten, dann sollten Sie den Weg über die Nutzer/Anwender einschlagen und über diese versuchen, an die

Entscheider zu gelangen. Wichtig ist, dass Sie für Ihre Suche die Job-bezeichnungen der Nutzer kennen. Probieren Sie es aus.

Vielleicht sind die Kontakte, die Sie suchen, und Sie selbst sogar Mitglied in ein und derselben Fachgruppe und können hier schon eine Gemeinsamkeit für sich verbuchen?

Wenn Sie diese Nutzer kontaktieren, sieht Ihre Nachricht/Mail anders aus, als wenn Sie den Entscheider kontaktieren würden (Sie haben nur circa 300 Zeichen zur Verfügung): »Hallo Frau/Herr …, wir beide gehören zur gleichen Gruppe und ich bin immer sehr dar-an interessiert, wie Anwaltsfirmen die neuen Technologien für sich nutzen. Ich dachte, Sie könnten hierzu Erfahrungen haben.«

Bitte auf keinen Fall wie ein Verkäufer klingen/schreiben, das ist abschreckend!

Jetzt kommt es darauf an, ob Sie eine Kontaktbestätigung bekom-men beziehungsweise eine positive Nachricht oder nicht. Wenn ja, entscheiden Sie, ob Sie mit der Person einen Telefontermin ausma-chen, ihr etwas schicken und sie um ihre Meinung bitten oder sich so-gar mit ihr auf einen Kaffee treffen, wenn Sie in der gleichen Region ansässig sind. Natürlich wird Ihr Profil überprüft werden und die Per-son ist eventuell misstrauisch, weil sie ja Ihr »Verkaufsprofil« sieht.

Denken Sie daran: Liefern Sie unbedingt etwas, von dem der Adres-sat profitiert. Teilen Sie mit, dass Sie auch gern eine Informationsquel-le für die Person sein möchten, zum Beispiel wenn es um die Karriere geht oder um Jobempfehlungen. Das ist völlig legal, und natürlich ver-steht sich von selbst, dass Sie selbst das auch genau so leben müssen.

Sie sind dran:

1. Entwickeln Sie Ihre Suche für die Entscheidungsträger, die Ihr Pro-dukt/Ihren Service kaufen.

2. Entwickeln Sie alternativ eine Suche für die Anwender/Nutzer Ihres Produkts/Services. Beispiel: Entscheider finden, die verschiedene Bezeichnungen haben (Logistik).

Wir starten unsere erste Suche nach Entscheidern, die unter Umständen verschiedene Bezeichnungen oder Titel haben und in der Logistik tätig sind.

Idealerweise sind Sie Premium-Mitglied in LinkedIn und XING und können die erweiterte Suche nutzen. Natürlich können Sie auch als normales Mitglied erweiterte Suchfelder nutzen, nur haben Sie hier nicht so viele Möglichkeiten.

Nehmen wir einmal an, Sie suchen Entscheider in der Logistikbranche. Als Suchwörter ergeben Sie am besten ein: »Logistik«, »Versand«, »Fracht«.

Als Titel geben Sie ein: »Manager« oder »Direktor« oder eine andere Bezeichnung, falls Ihnen eine bekannt ist. Wahrscheinlich bekommen Sie in Ihrer ersten Suche bereits eine Menge Kontakte angezeigt. Nun können Sie diese noch weiter verfeinern, indem Sie zum Beispiel die Unternehmen, Unternehmensgröße, Region, Branche et cetera eingeben.

Sie wollen an die Kontakte in der zweiten Ebene gelangen. Die in der ersten sind ja bereits mit ihnen verbunden. Die in der zweiten Ebene, das sind die, die Sie mithilfe der ersten Ebene durch eine geschickte Akquise erreichen wollen.

Wenn Sie Ihre Suche so weit verfeinert haben, dass Sie gezielte Ergebnisse vorliegen haben, dann schauen Sie, welche der angezeigten Kontakte mit einem Ihrer Kontakte verbunden sind.

Vorsicht: Achten Sie darauf, dass Sie nicht zu viele Ihrer eigenen Wettbewerber angezeigt bekommen. Dann sollten Sie Ihre Suche noch einmal verfeinern.

Da Akquise sowieso schon schwer genug ist, wollen Sie es sich so leicht wie möglich machen, indem Sie die »am niedrigsten hängenden Früchte« ernten, das heißt, Sie kontaktieren die Menschen, bei denen es am leichtesten zu sein scheint.

Vergessen Sie nicht, sich Ihre Suche abzuspeichern (dazu gibt es die Möglichkeit oben in der Leiste).

Denken Sie daran: Akquise ist ein mehrstufiger und meist langwieriger Prozess – dennoch ein sehr vielversprechender.

Sie sind dran:

1. Starten Sie Ihre erste Suche.

2. Bekommen Sie die erwarteten Ergebnisse?

3. Sind es zu viele? Dann reduzieren Sie diese, indem Sie die Filter nutzen.

4. Was könnten Sie noch tun, um Ihre Ergebnisse zu verbessern?

Kundenakquise mit XING/LinkedIn

Suche mit der Unternehmensseite

Größere Firmen haben in der Regel eigene Unternehmensseiten in den Netzwerken. Hierüber können Sie bestimmte Mitarbeiter mit ihrem Titel finden und versuchen, quer einzusteigen.

Alumni-Suche – wer war auf der gleichen Universität wie Sie?

Wenn Sie eher an Personen direkt verkaufen, kann die Alumni-Suche von LinkedIn hilfreich sein. Es gibt in LinkedIn seit einiger Zeit Schul- und Uniseiten analog zu Unternehmensseiten. Wenn Sie also zum Beispiel in der Babyboomer-Zeit geboren sind (so wie wir) und Sie verkaufen häufig an Personen dieses Alters und sind auf der Suche nach ebensolchen Personen in Ihrer Region, dann können Ihnen zum Beispiel die Schulen helfen, diese Kontakte zu finden. Vielleicht waren Sie auf derselben Schule oder der Nachbarschule. Warum nicht den Kontakten eine Nachricht schreiben?

Die Vorzimmer-Suche

»Vorzimmer-Drachen«, wie sie oft »liebevoll« von unseren Seminarteilnehmern genannt werden, sind der vermeintliche Feind eines jeden Verkäufers. Obwohl sie oft als Feind wahrgenommen werden, sind sie in Wirklichkeit oft Verbündete, wenn man es als Verkäufer richtig angeht. Wenn Sie selbst einen Chef haben und diesen abschirmen müssen, dann wissen Sie, wie das ist, wenn Sie wirklich wichtige Informationen und Kontakte von den eher unwichtigeren unterscheiden müssen. Die Beschützer des Chefs sind seine Filter. Wenn Sie also versuchen, die Beschützer zu umgehen, lassen die Beschützer Sie ziemlich schlecht aussehen. Wenn Sie es allerdings schaffen, die positive Aufmerksamkeit eines Beschützers zu bekommen und diesen sogar dazu bringen, etwas für Sie zu tun, herzlichen Glückwunsch! Wenn Sie es dann noch schaffen, Schritt für Schritt sinnvolle Informationen zu liefern und sogar einen direkten Kontakt oder einen Telefontermin bekommen, noch besser! Also: Nutzen Sie den Einfluss von Beschützern für sich!

Ein Beispiel: Geben Sie als Erstes die Region/die Stadt/die Postleitzahl/das Bundesland ein, in der/dem Sie suchen. Dann die Bezeichnung/Funktion, zum Beispiel »Assistentin«, »Sekretärin«, »Sales Assistant« et cetera. Nun geben Sie die Branche ein, die Sie suchen. Wenn diese angezeigt wird, können Sie auch noch die Mitarbeiteranzahl eingeben beziehungsweise eingrenzen.

Nun bekommen Sie Ergebnisse angezeigt und Sie prüfen, wo Sie Verbindungen herstellen können. Diese »wärmeren« Kontakte gehen Sie als Erstes an. Schreiben Sie ihnen eine Nachricht und wärmen Sie den Kontakt an.

Akquise in Gruppen, denen Sie angehören

Vielleicht gehören Sie inzwischen auch Fachgruppen an, in denen sich auch Ihre potenziellen Kunden tummeln (und nicht nur Ihre Mitbewerber). Nutzen Sie diese Quelle bereits als Akquisemöglichkeit? Kontakte in Gruppen sind sehr wertvoll, vor allem, weil Sie den Mitgliedern direkt Nachrichten schicken können.

Allerdings: Vorsicht! Wenn Sie es falsch angehen oder gar übertreiben, kann der Kontakt Sie als Spam markieren. Ebenso könnten

Sie unwissentlich Gruppenspielregeln verletzen, also seien Sie bitte vorsichtig. Sie wollen ja auf keinen Fall wie ein sich anbiedernder Verkäufer wirken, der nur an seinen eigenen Vorteil denkt. Denken Sie bitte sorgfältig nach, bevor Sie Ihre Nachricht formulieren, und formulieren Sie sie so, als ob Sie locker mit jemandem auf einer Veranstaltung plaudern würden.

Schon Ihre Betreffzeile muss zünden. Wenn Sie schreiben: »Informationen zu … «, reißt das keinen vom Hocker. »Wie Sie neue Kunden finden können – durch XING« oder »Mehr Neukunden mit cleveren Onlinetools«, ist wesentlich besser. Achten Sie nur darauf, dass es nicht zu »abgedroschen« klingt.

Wenn Sie Leuten schreiben, mit denen Sie noch keine direkte Kontaktverbindung haben: Fangen Sie an mit einer Formulierung wie: »Ich will Sie nicht nerven (oder spammen) …, beim Besuch Ihres Profils habe ich gesehen, dass … « Und nun müssen Sie sinnvoll »andocken« und einen möglichen Vorteil/Nutzen nennen, warum der andere von Ihnen profitieren könnte. Und was der nächste sinnvolle Schritt ist. Vielleicht eine Einladung zu einer Veranstaltung, einem Seminar/Webinar oder zu einem Newsletter …

Sie sind dran:

1. Welche Elemente könnte Ihre Akquise-Strategie beinhalten?
2. Welche Zielunternehmen/-personen sind die richtigen für Sie?
3. Individualisieren Sie die Nachrichten, die Sie an potenzielle Kontakte schicken.

Wer hat Ihr Profil angesehen? Akquise andersherum

Sehen Sie sich unbedingt an, wer Ihr Profil besucht hat. Dies gibt Ihnen eine Anregung, wie gut Ihr Profil auf Ihre Zielgruppe ausgerichtet ist beziehungsweise wer sich besonders von Ihrer Botschaft angesprochen fühlt und wer nicht. Wenn Sie öfters von Leuten besucht werden, die für Sie als potenzielle Kunden so gar nicht infrage kommen, dann wird es höchste Zeit, etwas zu tun.

Aus welchen Branchen entstammen Ihre Profilbesucher besonders häufig? Machen Sie doch einmal den ersten Schritt, wenn der andere sich nicht traut.

Wenn Kontakte Ihr Profil angeklickt, Ihnen aber keine Einladung zur Verbindung geschickt haben und Sie denken, das könnte aber sinnvoll sein, werden Sie selbst doch proaktiv und laden Sie diese ein. Schreiben Sie zum Beispiel so etwas wie: »Ich habe gesehen, dass Sie mein Profil besucht haben. Wenn ich Ihnen irgendwie weiterhelfen kann oder Sie weitere Fragen haben, kontaktieren Sie mich bitte oder lassen Sie uns doch in Verbindung treten.« Natürlich nur, wenn Sie selbst das auch wirklich wollen und denken, dass es passen könnte.

»Wenn Sie keine Verbindung möchten, dann bitte ich um Verzeihung, falls ich Ihnen zu nahegetreten sein sollte.« So beugen Sie vor, dass jemand Sie gleich ablehnt oder als Spam oder unter »Ignorieren« einordnet.

Falls Ihnen das zu viel Nähe ist, klicken Sie doch wenigstens auch auf das Profil Ihrer Besucher. Vielleicht denken diese ja ähnlich wie Sie und kommen dann auf Sie zu.

Kontakte empfehlen

Natürlich können Sie immer sowohl in den Netzwerken als auch außerhalb (E-Mail, telefonisch) Kontakte empfehlen. Ein häufig vernachlässigtes Element. Kann sehr wertvoll sein.

Netzwerken: Teilen und in Kontakt bleiben mit LinkedIn/ XING

Sicher kennen Sie die alte Definition, nach der die Marketingabteilung den Verkäufern die Kontakte liefert, die die Verkäufer zum Abschluss bringen sollen.

Nun ja, die Abgrenzungen verschieben sich beziehungsweise heben sich zum Teil sogar auf. Was wir heute als »Social Selling« bezeichnen, meint nichts anderes, als dass Marketing und Verkaufen oft gar nicht mehr voneinander zu trennen sind beziehungsweise sich hervorragend ergänzen oder verschmelzen. Es wird gesät, geteilt und geerntet. Gesät wird unter anderem durch das Teilen von Informationen. Eine gute Saat zieht Kunden von sich aus an und Sie sparen sich das mühsame Aufspüren.

Was können Sie alles teilen und wie oft sollte man säen? Als Erstes können Sie Ihrem Netzwerk immer etwas über Ihren Status mitteilen (auch in Facebook). Ihre Mitteilung erscheint dann sofort in Ihrem Newsfeed als Kurzmitteilung.

Dann können Sie natürlich auch wertvolle Informationen wie Artikel/Blogs/Veröffentlichungen in Ihrem Netzwerk teilen.

Wichtig: Nur wenn Sie regelmäßig teilen, wird Sie jemand als Experte, als langlebigen oder konstanten Spezialisten wahrnehmen. Einmal im halben Jahr reicht nicht. Ebenso können Sie natürlich auch die Fähigkeiten von Kontakten bestätigen (in LinkedIn) und sich freuen, wenn Leute Ihnen dafür sogar danken!

> Sie sind dran:
>
> Überlegen Sie sich, was Sie regelmäßig mitteilen und wie Sie diese Mitteilungen unkompliziert mit Ihren sozialen Netzwerken verbinden können.

Kreative Status-Updates

Wie können Sie interessante, wechselnde Statusangaben für sich kreieren? Als Erstes gehen Sie in Ihr Profil, hier gibt es dieses leere Feld ganz oben. Was ist sinnvoll, in einem Update mitzuteilen? Je nach Zielgruppe (und Ihrer eigenen Zielstellung) wahrscheinlich nicht, was Sie gerade zu Mittag gegessen haben …

Sie können Artikel teilen; zum Beispiel solche, die Sie selbst geschrieben haben, oder solche, die Sie empfehlen und zu denen Sie einen Kommentar abgeben.

Je nachdem, wie sichtbar und aktiv Sie sein wollen, können Sie häufig oder nur ab und zu Ihren Status ändern. Kommentieren Sie zum Beispiel kurz einen Artikel, den Sie teilen. Kreieren Sie zum Beispiel eine ansprechende Überschrift wie: »Zu wenig Neukunden? Wie Sie Ihre Zahl einfach verdoppeln …«, oder was auch immer gut zu Ihnen passt. Zum Thema Headlines beziehungsweise Überschriften alleine haben wir übrigens mehrere Podcast-Folgen produziert. Alles unter http://guerrillafm.de.

Falls Sie zu einer Veranstaltung einladen möchten: »… nur noch 20 Plätze frei« oder »Frühbucherrabatt nur noch bis zum …«

Wenn Sie etwas kommentieren oder empfehlen, seien Sie sich genau Ihrer Worte bewusst. Bewerten Sie nicht zu stark, das Netz ist da manchmal gnadenlos.

Sie sind dran:

1. Überlegen Sie, welche Status-Updates Sie in den nächsten 30 Tagen verwenden könnten.

2. Überlegen Sie, welche Artikel/Veröffentlichungen Sie in den nächsten Wochen in Ihrem Netzwerk veröffentlichen werden.

Netzwerkgruppen

Warum kann es sinnvoll sein, sich in Netzwerkgruppen in LinkedIn/XING zu engagieren? Um mehr Sichtbarkeit, Glaubwürdigkeit und Vertrauen aufzubauen und um mehr Kontakte zu erreichen und sichtbarer zu werden. Sie können mit Leuten in Kontakt kommen, die Sie sonst nie erreichen oder gar nicht erst kennenlernen würden.

Der eigentliche Zweck von Gruppen war ja anfangs, dass man sich austauscht und engagiert. Warum sollten Sie sich in Gruppen engagieren? Und vor allem: Welchen sollten Sie beitreten?

Fragen Sie sich: »Kann ich hier die für mich ›richtigen‹ Leute erreichen? Ist das mein Zielmarkt? Der Markt, dem ich gerne meine Fähigkeiten vorstelle?« Ganz wichtig: Halten Sie sich an die Spielregeln in der Gruppe. Wenn Sie einmal draußen sind, kriegen Sie so schnell keinen Fuß mehr in die Tür. Engagieren Sie sich, stellen Sie sich mindestens einmal dort mit einer Nachricht/Kurzvorstellung vor, damit man Sie wahrnimmt und Sie eventuell auch gleich mit einigen Kontakten in Verbindung kommen.

Das Finden der richtigen Gruppe

Falls Sie ganz neu anfangen, sollten Sie erst einmal überlegen, welche Themen Ihnen denn wichtig sind. Dann starten Sie eine Gruppensuche. Es ist sinnvoll, erst einmal lokal beziehungsweise regional anzufangen. Auch über Ihre Kunden beziehungsweise Zielbranchen oder Ihre Hobbys (zum Beispiel Golf, Salsa) können Sie Gruppen suchen. Prüfen Sie, wer oder was gut zu Ihnen passt, und treten Sie dann bei. Viel Erfolg!

Los geht's mit der Akquise

Bevor Sie loslegen mit Ihrer Akquise, ist es das Wichtigste, dass Sie Ihr eigenes Profil bereits erstellt haben. Nur so können andere Leute Sie in Ihrem Netzwerk anklicken, Sie interessant finden und Sie auch in deren Netzwerken vorstellen. Und natürlich wollen auch Sie andere Kontakte Ihrem Netzwerk empfehlen können.

Vielleicht erinnern Sie sich noch an die Einstellung »Auswählen, was andere von meinem Profil sehen«. Die meisten wollen diese Anzeige anonym halten, da sie eigentlich nicht von anderen gesehen werden wollen. Meine Empfehlung ist, dass mindestens Ihre Branche, Ihre Firma und Ihr Titel öffentlich gesehen werden können. Es kann immer mal sein, dass Leute sehen, dass Sie einen speziellen Kontakt gesucht haben. Diese kommen dann auf Sie zu und wollen vielleicht versuchen, Sie zu akquirieren. Und vielleicht ist genau dieser Kontakt dann für beide Seiten wertvoll. Wenn Sie zum Beispiel einer Gruppe angehören, kann ein anderer Kontakt so mehr über Sie erfahren. Meist werden Sie dann auch freundlich in der Gruppe begrüßt, weil der andere schon etwas mehr über Sie weiß beziehungsweise sehen kann und Sie nicht mehr ein komplett fremder, »kalter« Kontakt sind.

Bevor Sie also mit Ihrer eigenen Akquise loslegen, sollten Sie unbedingt noch einmal Ihre Profileinstellungen überprüfen und sicherstellen, dass man über Sie auch das erfährt, was Ihnen wichtig ist, beziehungsweise dass andere sehen, was genau Sie für andere tun.

Ihr Akquiseerfolg hängt von zwei Dingen ab:

1. Wie Sie die erweiterte Suche in LinkedIn/XING anwenden, um neue Kontakte zu finden, um in die zweite Kontaktebene in Ihrem Netzwerk zu kommen, um also potenzielle Akquisekontakte zu finden.
2. Wie andere Ihre Fähigkeiten einordnen/bewerten und wie Sie netzwerken und Beziehungen mit Ihren Kontakten halten, das heißt, wie Sie sich ihnen gegenüber verkaufen.

Fangen Sie einfach an zu üben und sammeln Sie Erfahrungen!

Bitte um Empfehlung

Am besten nicht sofort mit Ihren wertvollsten Kontakten, sondern mit solchen, die Ihnen nicht ganz so wichtig sind. Denn wie so oft im Leben ist man zu Beginn noch nicht so gut, wie man eigentlich sein möchte. Zuerst verschicken Sie eine Nachricht im Netzwerk oder mailen, dann vereinbaren Sie als nächsten Schritt ein Telefonat. Wie gut kennt Herr Müller Herrn Schmidt? Wenn sich herausstellt, dass Herr Müller nicht der Richtige ist, um Sie bei Herrn Schmidt einzuführen, dann greifen Sie auf einen anderen Kontakt in Ihrer Ebene zurück. Denken Sie hier wirklich gut nach und legen Sie nicht einfach los.

Sie sind dran:

1. Erstellen Sie zum Beispiel ein kleines Szenario, wie Sie mit Ihren Kontakten in Verbindung treten können, damit diese Sie wiederum einem potenziellen Kontakt vorstellen.

2. Erstellen Sie eine E-Mail-Vorlage, in der Sie um eine Vorstellung/ Empfehlung bitten, die Sie immer wieder verwenden können.

Hier ein Beispiel:

Sehr geehrte Frau Owen,

Wir kennen uns jetzt seit ... und ich schätze Ihre Professionalität.

Ich habe gesehen, dass Sie mit Herrn Müller von ... verbunden sind.

Gerade für Firmen dieser Größe/Branche/Art sind wir oft wertvolle Partner, indem wir ihnen helfen, den Stress und Aufwand bei der aufwendigen Sondermüllbeseitigung zu minimieren (*beziehungsweise Ihr Thema*). Denken Sie, das könnte für Herrn Müller interessant sein? Ich würde mich sehr über Ihre kurze Rückmeldung freuen.

Herzlichen Dank und viele Grüße

XY

Anschreiben und Einladen von fremden Kontakten

Natürlich können Sie auch »einfach so« Kontakte, von denen Sie annehmen, dass diese von Ihren Leistungen profitieren können, in Ihr Netzwerk einladen.

Wie gehen Sie vor oder würden Sie vorgehen?

Nehmen Sie bitte auf keinen Fall nur den Standardtext, denn da bekommt der angefragte Kontakt nur eine kurze Mini-Nachricht oder gar keine. Und warum sollte er oder sie ausgerechnet *Sie* in sein Netzwerk aufnehmen, wenn Sie der Person keinen nennenswerten Vorteil nennen? Wir klicken Anfragen oft weg beziehungsweise bestätigen diese nicht, wenn wir keine persönliche Ansprache oder irgendeinen Vorteil in der Nachricht finden. Und sei es auch nur ein kurzer Bezug auf unseren Podcast oder Newsletter oder was auch immer. Das lässt bei uns die Chancen steigen, dass wir die Kontaktanfrage bestätigen.

Hier ein Beispiel:

Sehr geehrte Frau Owen,

ich habe in Ihrem Profil gelesen, dass Sie unter anderem Marketingberatung anbieten.

Vielleicht möchten Sie Ihr Angebot mit einer zukunftsfähigen Seminar- und Beraterdienstleistung ergänzen?

Gerade bei der Marketingberatung nimmt das Thema Kundengewinnung und Verkauf über das Internet einen immer stärker werdenden Fokus ein.

Deshalb bieten wir ab März… eine Aus- und Weiterbildung zum Online-Marketingberater an. Sie können diese Kompetenz dann in Ihre zukünftigen Seminare und Beratungen einfließen lassen und als Dienstleister aktiv anbieten. Es gibt hier sehr gute Markt- und Verdienstmöglichkeiten, da die Nachfrage rasant wächst. Außerdem grenzen Sie sich von Ihren Wettbewerbern stärker ab und können das Wissen sofort für Ihr eigenes Internetmarketing einsetzen.

Alle Infos dazu finden Sie unter:

http://www.kundengewinnung …

Dazu führe ich auch am … um … Uhr und um … Uhr zwei Webinare durch. Sie können sich dazu kostenlos anmelden unter: http://www.kundengewinnung …

Bei Fragen stehen wir Ihnen unter Mail: … oder telefonisch unter … gerne zur Verfügung.

Herzliche Grüße aus …

XY

Was Sie in diesen Beispielen deutlich sehen, ist, dass der Sender sich, wie wir immer in unseren Trainings sagen, »auf meinen Stuhl« (also den Stuhl des Kunden) gesetzt hat und mir mögliche Vorteile in Aussicht stellt: Synergieeffekte, mehr Umsatz durch Abheben vom Wettbewerb.

Leider wird das häufig vergessen.

Denn Menschen handeln nur, wenn sie etwas erreichen oder etwas vermeiden wollen. Wenn alles toll ist und der Mensch zufrieden ist, gibt es keinen Grund zu handeln oder etwas zu verändern.

Kunden ansprechen, die etwas erreichen wollen

Sie wissen in der Regel, was Ihre potenziellen Kunden wollen. Wenn nicht, dann wird es jetzt Zeit, darüber einmal nachzudenken.

Wichtig ist, dass Sie hierbei so spezifisch wie möglich sind und alles aufschreiben, was Ihnen dazu einfällt. Zum Beispiel nicht »Kunden wollen den besten Service«. Das ist viel zu allgemein. Stattdessen: »Kunden wollen beim ersten Anruf einen ›echten Menschen‹ am Telefon, der ihr Anliegen entgegennimmt, statt einer automatischen Ansage.« Darunter können Sie sich etwas vorstellen, das ist bildhafte Sprache. Je bildhafter Sie schreiben, umso emotionaler »holen Sie den anderen ab«.

Hier einige Beispiele:

> Die Zufriedenheit Ihrer Kunden um zehn Prozent steigern
> Höhere Besucherzahlen Ihrer Webseite, die sich in Klickraten und Anfragen zeigen (Steigerung von … auf …)
> Kündiger-Rückgewinnungsquote von 18 auf 25 Prozent steigern

Diese Beispiele sind sogenannte »Hin zu«-Wünsche, die potenzielle Kunden haben könnten.

Kunden ansprechen, die etwas vermeiden wollen

Was, wenn Ihre Kunden darauf nicht reagieren und es sie anscheinend nicht interessiert?

Dann gehören sie vielleicht zur Gruppe der »Vermeider«. Solche Menschen nehmen »schön klingende« Vorteile gar nicht bewusst wahr (egal ob schriftlich oder am Telefon). Hier kann es hilfreich sein, eher das Problem anzusprechen und aufzuzählen, was die Kunden durch Sie und Ihr Produkt/Ihre Leistung vermeiden und verhindern können.

Man nennt das auch »Schmerzfaktor«. Wissenschaftler sagen, dass Menschen eher Schmerz vermeiden wollen als Vergnügen erlangen. So formuliert könnte Ihr möglicher Vorteil unter Umständen viel eher ein offenes Ohr finden.

Hier einige Beispiele:

> Vermeiden von langwierigen, kostenintensiven Gerichtsprozessen
> Dopplungen in Datenerhebungen eliminieren
> Kosten/Zeiten senken von/bei … (*hier passt so vieles*)
> Fluktuation reduzieren

Vielleicht wird Ihnen jetzt schon bewusst, während Sie einmal darüber nachdenken und Ihre Gedanken und Ideen dazu aufschreiben, dass Sie sich nach und nach immer besser in Ihren Zielkunden hineinversetzen können, wenn Sie sich die notwendige Zeit dazu nehmen. Und ein weiterer Vorteil – diese Bausteine können Sie immer wieder verwenden. Sie helfen Ihnen, in ersten Kennenlerngesprächen auf Veranstaltungen einen »Pitch« parat zu haben oder bei der telefonischen Akquise Ihren Einstieg zu polieren.

Ihre möglichen USPs

Vielleicht stutzen Sie, weil hier *mögliche* USPs steht. Wir gehen davon aus, dass Ihnen der Begriff »USP« bekannt ist. Aber hier noch einmal ganz kurz erklärt: Als USP bezeichnet man das sogenannte Alleinstellungsmerkmal. Das, was Sie von anderen Anbietern unterscheidet, warum der Kunde bei Ihnen und nicht woanders kaufen sollte.

Die meisten Verkäufer zählen sofort begeistert alle Vorteile, also den Nutzen, auf, sobald sie auf einen halbwegs an ihrem Produkt oder ihrer Person interessierten Menschen treffen. Hier genau liegt das Problem: Die meisten Vorteile oder Nutzen, von denen Verkäufer oder Marketingleiter *annehmen*, dass diese Interessenten ansprechen, sind oft nur *Eigenschaften* und klingen oft nach hohlen Worthülsen.

Ein Nutzen ist nur ein Nutzen, wenn die Person, die ihn hört, ihn als solchen wahrnimmt. Was heute noch ein Vorteil oder Nutzen ist, kann in ein paar Monaten bereits keine Bedeutung mehr haben.

Leider hat der Vorteil/Nutzen selten die Bedeutung, die *Sie* annehmen, sondern immer nur die, die der Käufer/Kunde für sich wahrnimmt. Wie positiv er etwas wahrnimmt, hängt von ihm ab, und wir als begeisterte Verkäufer denken immer, der Interessent *muss* das doch auch so toll finden wie wir.

Deshalb sprechen wir hier von einem *möglichen* USP. Seien Sie sich bitte bewusst, dass wir hier immer von uns selbst ausgehen, also den Vorteilen, von denen *wir* annehmen, dass der Interessent sie attraktiv findet.

Sie sind dran:

Überprüfen Sie regelmäßig Ihre Nutzen/Vorteile für potenzielle Kunden, indem Sie Ihren Kunden aufmerksam zuhören und regelmäßig Ihren Wortschatz entsprechend anpassen.

Nun müssen Sie natürlich bei einer Kontaktaufnahme, ähnlich wie in einem Werbebrief, etwas über sich sagen. Stellen Sie sich kurz vor und bauen Sie Ihren Vorteil, von dem Sie annehmen, dass Ihr Kunde ihn gut findet, mit ein. Halten Sie Ihre Nachricht nicht zu lang, denn niemand will einen ellenlangen Werbebrief erhalten, wenn er den anderen nicht kennt.

Schlusswort – jetzt sind Sie dran!

Sie haben es geschafft. Aber dieses Buch nur zu lesen, nutzt nicht viel. Sie müssen etwas *tun*!

Falls Sie das noch nicht parallel zum Lesen begonnen haben, dann machen Sie es bitte jetzt: Setzen Sie eine oder mehrere von unseren Anregungen um:

- ➤ Erstellen Sie einen Redaktionsplan für Ihren möglichen Podcast.
- ➤ Verbessern Sie Ihr LinkedIn/XING-Profil.
- ➤ Schreiben Sie in LinkedIn/XING einen neuen Kontakt an – aber benutzen Sie nicht den automatischen Nachrichtenvorschlag – schreiben Sie etwas Individuelles!
- ➤ Erstellen Sie Ihre erste Google-AdWords-Kampagne – mit nur zwei oder drei Keywords und zwei kleinen Anzeigen, die um die Wette laufen.
- ➤ Oder was auch immer Ihnen nach dem Lesen als Erstes in den Sinn kommt.

Die Autoren

Anthony-James Owen

 Anthony-James Owen, Jahrgang 1963, führt mit seinem Team Marketingberatung und Vertriebstrainings für Kunden durch.

Er ist besonders im Bereich der Neukundengewinnung und der Unterstützung von wachsenden Unternehmen aktiv.

Außerdem ist er seit mehr als acht Jahren Moderator der sehr erfolgreichen und wöchentlich erscheinenden Internetradiosendung (Podcast) zu Marketing und Vertrieb *GuerrillaFM*.

Anthony-James Owen ist ein Mann der Praxis. Bereits während seiner beruflichen Ausbildung sammelte er erste Erfahrungen, die er in seiner langjährigen, erfolgreichen Karriere als Vertriebs- und Marketingleiter in internationalen IT-Konzernen weiter ausbaute. Zusammen mit seiner Frau Petra Owen gründete er 1994 die *Guerrilla Marketing Group*.

Seit 1999 berät und coacht er Geschäftsführer, Vertriebsleiter und Selbstständige unterschiedlichster Branchen.

Seine Kunden schätzen besonders sein tiefes Wissen in den unterschiedlichen Themenfeldern im Vertrieb und Marketing sowie sein untrügliches Gespür für Menschen.

Petra Owen

Petra Owen, Jahrgang 1966, leitet die Niederlassung in Berlin seit 1994 und coacht und trainiert Führungskräfte und Mitarbeiter.

Sie ist zuständig für die Akquisetrainings und -coachings. Themen wie Empfehlungsmarketing, vertriebliche Kommunikation, Kündiger-Rückgewinnung und alles rund ums Telefonverhalten liegen ihr besonders am Herzen.

Sie coacht Führungskräfte und Vertriebsmitarbeiter in schwierigen Situationen und hilft Vertriebsteams, wieder einen positiven Dreh bei der Kundengewinnung zu finden.

Ihre Kunden schätzen besonders Ihre positive, engagierte Art, mit der sie die Menschen »abholt« und positiv motiviert, etwas zu verändern.

Stichwortverzeichnis